品牌行銷 法律課

從商標布局、公平交易到消費者權益及個資保護，
律師教你安全行銷不觸法！

陳佑寰 —— 著

三民書局

⟶ 序　曲 ⟵

美國知名作家 Mark Twain 曾說：當你為了愛情而釣魚時，要用你的心當餌，不要用你的腦。(When you fish for love, bait with your heart, not your brain.)

馬克律師若有所思：那麼當品牌為了賺錢而行銷時，要用心？用腦？還是兩者兼具呢？

所謂：「人生如戲，戲如人生」。從人生舞台上各個粉墨登場的角色，都可看見品牌行銷的光與影。公視推出的《茶金》佳評如潮，劇中茶廠老闆吉桑的女兒薏心，提出開發「日光」茶葉品牌的野望，以突破企業經營的困境，振奮人心；而 Netflix 推出的《華燈初上》也同樣受到矚目，劇中經營日式酒店「光」的蘇媽媽說這裡賣的是「曖昧」，就是一種誘人上鉤的行銷手法。

誠然，對企業來說，品牌行銷相當重要。在品牌沒沒無聞時，需要行銷品牌；一旦品牌有一定的知名度後，則可用品牌來強化行銷的力道。而就個人來說，每個人的名字就是自己的品牌，在求學、謀職、會見客戶時的自我介紹，以及在網路上發文秀圖等舉動，都是「以吾之名」在做行銷。

品牌 (Brand) 源起於在牲畜上烙印記號以區別是誰家所有，而在商業運作上，品牌則具有識別商品來源的功能，也是一種行銷方式。品牌是市場概念，商標 (Trademark) 則是保護品牌的法律手段。註冊商標可獲得商標法的保護，有助於發展授權交易之商業活動以及追究侵權者的法律責任。

行銷的英文是 Marketing，也就是市場 (Market) 的進行式。企業在市場上競爭需透過行銷以促進商品的銷售。行銷與銷售有關，但並不相同。行銷需要支出成本，銷售則可帶來收益。如果行銷得宜，可刺激更多的銷售，帶來豐厚的收益，花錢行銷也就值得。品牌與行銷的結合是企業在市場競爭時應善加利用的商業手段，同時也涉及許多法律層面，興利與除弊均應兼顧。

企業經營商業活動，無論有無品牌或是否知名，其實都需要行銷。行銷固然是商品銷售的化妝術，但也不能修過頭，差很大。行銷模式的發展日新月異，有如孫悟空 72 變的法術，讓人眼花撩亂，同時企業還須注意法律的緊箍咒。除應避免侵害他人商標權之外，也須留意公平交易法關於不實廣告、仿冒、不當贈品贈獎、營業誹謗、其他欺罔或顯失公平行為等不公平競爭的規定。若是蒐集、處理及利用客戶的個資，則要遵守個人資料保護法的規定，做到「告知後同意」的標準作業程序，並採取適當的資安保護措施。此外，企業行銷營利亦須兼顧消費者權益的保護。

本書不只談行銷，也談品牌，更探討品牌行銷。編排上採取戲劇三幕式的結構，以知名戲劇《茶金》、《陸王》及《魷魚遊戲》開場，希望讓讀者從生動的故事中感受品牌行銷與法律交會後所產生的意涵。本體部分則從品牌行銷的基本面、應用面、商標註冊、授權和維權的法律管理、以及與公平交易法、個人資料保護法、消費者保護法相關的法律議題等面向分別論述。最後由元宇宙、NFT、個人品牌組成三部曲作結並附上延伸閱讀資源。期盼曲終人不散，也希望本書的主題內容能打開一扇窗，讓讀者可以探索更寬廣的視野。

本書寫作及出版之際，新冠肺炎 (Covid-19) 疫情延燒，全世界都受到波及。面臨防疫措施如人潮管制與社交距離的要求，實體商家遭受嚴重衝擊，許多品牌企業甚至傳出關店潮，乃更積極進行數位轉型，並努力從馬路走向網路拓展電子商務與優化社群體驗。網路交易與行銷因疫情更為蓬勃發展之際，仿冒假貨卻也趁機坐大。當疫情與仿品同步蔓延之時，企業不僅應積極防疫亦應重視品牌行銷的法律保護。

本書從企業、消費者及律師的角度，來探索我們日常生活之中隨處可見的品牌行銷及相關的法律議題，部分內容曾發表在報章雜誌上並重新加以改寫，也謝謝三民書局提供專業的編輯意見。希望本書出版對讀者有所助益，並藉此感念長期以來體諒與支持我的家人，以及過往曾經幫助我的師長與朋友。

陳佑寰

2022.12

閱讀地圖

- 如果你時間充裕且對品牌行銷與法律有興趣研究，建議慢慢地從頭讀到尾，較能感受作者的思考及鋪陳脈絡。
- 如果你想利用喝杯咖啡的時間對這本書有個fu，建議先閱讀：**序曲→Chapter 1→咖啡時光→尾聲**。
- 如果你是品牌行銷業者，想多了解法律相關議題，建議先閱讀：Chapter 6、7、8、9。
- 如果你是法律從業人員，想多了解品牌行銷的風貌，建議先閱讀：Chapter 4、5、10、11、12。
- 如果你喜歡看故事也對品牌行銷有興趣，建議先閱讀：Chapter 1、2、3、4、5。
- 如果你個性自由自在且想法有點跳tone，建議先閱讀第三幕的品牌行銷三部曲，再隨意翻閱任一章節。

不論你如何開始閱讀這本書，希望殊途同歸，讓我們都在尾聲的《鞋衣物語》找回赤子之心。也希望本書能拋磚引玉，引導讀者從附錄的延伸閱讀資料，更進一步探索品牌行銷與法律的相關議題！

目次

第一幕
從《茶金》到《魷魚遊戲》——淺談企業品牌的光與影

品牌行銷與法律所探討的議題並非商學院與法學院的專利，一般民眾與企業在日常生活都可能會經歷。讓我們先從知名戲劇《茶金》、《陸王》及《魷魚遊戲》的故事談起，帶領讀者了解企業品牌、品德及企業永續經營的重要性。

Chapter 1

從《茶金》看企業品牌與品德的重要性

公視於 2021 年 11 月推出的電視劇《茶金》上映後佳評如潮，且有同名小說出版。《茶金》是以新竹北埔的知名茶商姜阿新為原型所改編的故事，除了讓我們看到台灣茶葉產業的興衰榮枯，亦可體會到企業經營應重視品牌與品德價值的精神！

1-1 一茶一產業的故事經濟學

諾貝爾經濟學獎得主 Robert Shiller 在其所寫的《故事經濟學》一書中提到，**「故事」是文化、時代思潮及經濟行為發生快速變化的主要載體**，而要明白複雜的經濟，我們必須將諸多與經濟決策相關，但可能會相互對立的流行故事納入考量。誠然，許多文學小說裡的故事，即反映當時的經濟脈動與商業邏輯，例如《茶金》與《威尼斯商人》。

《茶金》的故事讓我們驚嘆台灣茶葉生意雖然曾經風光一時，但卻淪落到慘澹經營的地步。相較於故事背景中有關 4 萬元舊台幣換 1 元新台幣的制度變革，以及政府對外匯管制的鐵腕執行，一般民眾比較容易了解且有感的金融議題應該是借錢的部分，也就是經營日光茶廠的吉桑為了工廠營運及支付欠款而向萬頭家借錢。萬頭家可說是地下錢莊，不僅趁人之危操作 7 分利的高利貸，還要求用吉桑家的祖產大坪山做擔保。**這個橋段也讓我們更能體會到現在司空見慣的銀行制度對民間金融需求的重要性**。如果當時銀行的發展能像現在一樣，吉桑應該可以拿大坪山向銀行辦理抵押貸款，利率也可符合市場行情並受到法律的約制（民法第 205 條已將**約定利率不得超過週年百分之二十調降為百分之十六，且超過部分之約定，無效**），而不至於被地下錢莊坑殺。

一磅肉擔保的借款合約

《威尼斯商人》是英國大文豪 William Shakespeare 筆下的名劇。劇中描寫威尼斯商人 Antonio 為了幫好友融資，而向放高利貸的猶太商人 Shylock 借錢，卻簽下合約約定若借款未能如期歸還，則須割下自己身上一磅肉。沒料到 Antonio 的商船在海上發生意外事故而延誤歸期，使得他原本預期的還款資金來源無法如期到位，素來與 Antonio 看不順眼的 Shylock 乃藉機上法庭要求履行合約，磨刀霍霍地要割取 Antonio 身上的一磅肉，等於是另類的借刀殺人。

在 Antonio 受審的法庭上，解套的訴訟策略是要求債主 Shylock 只能依借款合約的文義而割取 Antonio 身上的一磅肉，但不能流下一滴血，而且割的肉不能多也不能少於一磅，這顯然無法達成，等於是幫 Antonio 解套求生，讓人拍案叫絕。而以今日的法律制度來看，這份割肉抵債的借款合約因為**違反民法**第 72 條的**公序良俗條款而無效**。如果當時有像現在一樣發展成熟的銀行制度，其實 Antonio 也可向銀行進行貿易融資的操作與投保海上保險，而不需要向民間高利貸低頭。

類似《威尼斯商人》的故事也在現今社會發生。雖然銀行制度已存在許久甚至過度競爭 (overbanking)，但不容否認在現實生活中仍常見民眾或藝人因積欠地下錢莊或黑道鉅額借款而遭擄人甚至割肉的悲劇上演，令人不勝唏嘘，果然是：人生如戲，戲如人生！聽聞悲慘世界的故事與現實，我們應該更能體會「**普惠金融**」**(Inclusive Financing)** 的真諦並希求具體實踐，也就是企業主與一般大眾都應該要有平等機會獲得健全的金融服務。否則，這類被地下錢莊追債或是被債務壓垮的人間失格慘劇將一再上演！

1-2 日光茶廠的品牌大夢

《茶金》的故事經濟學涉及企業金融也包括品牌行銷。金融是企業的根，用來吸取資金活水；而企業要永續發展還需透過品牌行銷才能開枝散葉，發展成一座企業森林。在黃國華所寫的《茶金》小說中，薏心向父親吉桑表達出希望推出「日光」茶葉品牌的野望並呼喊：真正賺錢的是品牌，台灣還沒有自己的品牌！然而吉桑卻灰心地表示：台灣茶的銷量只占全球 1% 而已，做不出品牌的！薏心則不服氣地回應：英國連一片茶葉也沒生產，卻做出立頓、唐寧這些百年大牌，您又怎麼說呢？

日光茶廠既有的商業模式是向上游種茶的茶農購買茶菁，或是向小茶廠購買毛茶，經過日光茶廠的加工做成精製茶，再賣給下游的洋行（也就是俗稱的貿易商），進而銷售到海外市場，特別是有錢又有閒的英國人，超愛在下午休閒時刻喝紅茶。但是消費者喝茶時不會知道茶葉是來自日光，因為商品上貼的是大廠牌的商標，而日光只是代工廠，又被洋行賺走中間財並鎖定價格，以致於獲利有限。這個處境跟現在台灣許多高科技廠商類似，雖然靠代工可以賺錢，但是商品銷售絕大部分的利潤還是被品牌大廠賺走。

日光茶廠本身面臨國內世局動盪已舉步維艱，再加上印度大吉嶺茶園於戰後恢復正常生產，量大又便宜，導致台灣茶失去競爭優勢，搶不到大單，產能閒置又有人事、機器等成本支出，乃陷入經營困境。即使日光茶廠在薏心積極參與下，逆風突圍而爭取到美軍以及北非市場的訂單，卻常面臨低價搶單以及產能不足以供應大單等難題。在茶葉市場翻滾年資尚淺的薏心，領悟出**發展品牌以銷售高價商品的王道**，希望擺脫純粹代工以及依賴洋行的命運，將日光品牌從茶園直接推上茶桌。薏心跨入商場即顯露出初生之犢不畏虎的精神，她曾一婦當關向美軍將領行銷台灣茶葉，後來更向吉桑提出要發展日光品牌的想法，展現其商業頭腦與雄心壯志。在當時的時空背景下，薏心不但具備企業家精神，還展現出不輸男性的女力價值。只可惜最後日光茶廠因身陷財務困境，而未能完成品牌大夢。

1-3 當綠茶粉變糯米粉

企業品牌除了有識別商品來源及發揮商業行銷的作用外，也具有品質保證的功能。品牌企業提供品質好的商品，可獲得消費者的信賴，擴大品牌接受度，方能賺取品牌溢價。

這種品牌發展與商品品質兼具的作法，不但是企業品德的高度展現，同時也是企業永續經營的商道。不只如此，企業品德還包括更多元的面向，如遵循 ESG 原則以善盡企業的社會責任。

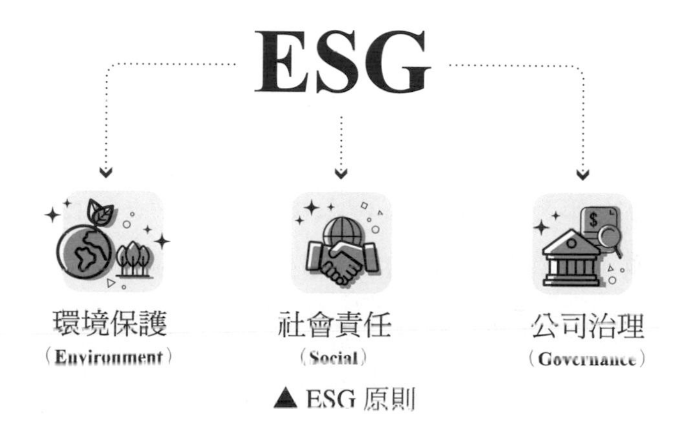

▲ ESG 原則

ESG 原則

ESG 分別是**環境保護 (Environment)、社會責任 (Social) 及公司治理 (Governance)** 三個英文字的縮寫。環境保護包括：節能減碳、污染防治、生物多樣性等議題；社會責任包括：客戶權益、勞工關係、社會福利等議題；公司治理則包括：商業倫理、競爭行為、供應鏈管理等議題。

2004 年聯合國全球盟約 (UN Global Compact) 的 *Who Cares Wins* 報告首次提出**將 ESG 作為評估一家企業的指標，並納入投資決策之中。企業符合 ESG 原則不僅有益於永續發展及提升企業形象，亦有助於貸款及募集資金時獲得銀行及機構投資人的青睞。**

鑑於 ESG 受全球高度重視，為營造健全 ESG 生態，以強化企業永續經營及資本市場競爭力，金管會於 2020 年 8 月 25 日發布「**公司治理 3.0——永續發展藍圖**」，規劃多項強化 ESG 資訊揭露相關措施，以提升資訊揭露品質，並透過資訊揭露促使企業重視 ESG 議題及強化其永續發展之能力。例如在「公開發行公司年報應行記載事項準則」，增訂 ESG 資訊揭露揭露指引，引導公司揭露較為重要之環境及社會議題，如在環境方面，揭露溫室氣體排放、用水量、廢棄物等量化資訊；在社會方面，揭露職業安全（如職災數據)、職場多元化與平等（如女性職員及高階主管之占比）等更為具體明確及量化之內容，以實踐企業永續發展之目標。而**先前提到的「普惠金融」，也是金融業朝 ESG 邁進所努力的項目，以善盡社會責任。**

企業要做到符合 ESG 原則，除了基於自發性以及依政府法令而積極地具體實踐，甚至在組織管理上納

入關鍵績效指標 (KPI) 考核之外，另外兩個推動力分別是來自供應鏈的買方以及資金流的投融資方之要求。例如蘋果與台積電為維護其品牌形象而要求其供應鏈的廠商需依循 ESG 原則；又如對產業提供資金活水的基金與銀行要求企業需符合 ESG 原則始能獲得投融資。

在《茶金》小說中，日光茶廠好不容易爭取到北非綠茶市場的大單，卻發生機器故障導致趕工不及，面臨無法如期交貨可能會被客戶罰款的危機，也因此薏心瞞著吉桑而在綠茶摻糯米粉以增加重量及快速成型。此舉雖然符合國外市場的實務作法，北非人也可接受，但卻違反台灣法令規定，構成不法添加。當日光茶廠遭他人舉報調查時，吉桑還信誓旦旦向稽查員保證：日光做茶幾十年，向來堅守品質與誠信，絕對沒有不法添加物等語，沒想到當場驗茶果然查出有添加物，讓吉桑羞憤不已。薏心卻理直氣壯地辯稱：加糯米粉是製作綠茶的新技法，要懂得變通云云，吉桑則大聲斥責：「加料不是變通，是投機！妳僥倖接了幾張單，就以為自己很會做生意了？是啦，妳是有做生意的頭腦，不過，妳沒有做生意的良心！只知道價錢成本。」

由上可見老派的吉桑對於其一手打造的日光茶廠，仍堅持做到品質保證並捍衛企業品德，令人敬佩。日光茶廠縱使不是採取 **B2C 模式（商家直接面對消費者）**，但就 **B2B 模式（商家對商家的交易）**而言，乃以「日光茶廠」這個企業品牌銷售商品給下游廠商，仍然需要重視品牌形象的維護。不論品牌知名度多高，一旦商品品質下滑，甚至發生詐偽情事，將使消費者對品牌的信心一夕崩盤，恐如洪水潰堤，一發不可收拾，企業辛辛苦苦經營的品牌毀於一旦，再強大的企業帝國都有可能崩解。

小結

外在的法律與契約規定，只能約束看得到的表面，唯有良好的企業品德方能確保在外界看不到的陰暗死角仍被仔細檢視，而**企業應秉持商道精神進行優質管理，方能獲得消費者的信任並永續發展**。一書一世界，一茶一產業。《茶金》的故事讓我們看到台灣茶葉經濟的發展脈絡，也可體會到企業品牌與品德的重要性，值得我們繼續品茗回味。

Chapter 2

從《陸王》到Nike——淺談企業品牌經營的變與不變

當人們朝著目標奔跑卻失敗跌倒時，永不放棄而爬起再跑者，固然值得尊敬；然而重新調整策略再出發者，更令人激賞。因為既專注完美又有韌性彈力的人，才能成功翻轉困局並達成目標。日劇《陸王》中上演企業社長與跑步選手攜手合作邁向成功的故事，可讓我們思索企業及人生面對變局時對於變與不變的取捨與堅持！

2-1 當足袋變成運動鞋：百年老字號「小鉤屋」與「陸王」

《陸王》改編自暢銷作家池井戶潤的小說。他以撰寫產經題材的故事而聞名，其他的知名作品還包括曾改編為日劇的《半澤直樹》與《下町火箭》。「陸王」在劇中是跑鞋的新品牌商標，意指能在陸地上跑步稱王，該跑鞋係改良自日本傳統的足袋。足袋是日本古早傳下來將大拇趾和其他腳趾分開的襪子與鞋子，主要是著和服的時候穿。日本老牌男星役所廣司在劇中飾演在埼玉縣生產足袋的百年老字號「小鉤屋」社長宮澤弘一。足袋是日本的傳統產業也是夕陽產業，小鉤屋像其他足袋工廠一樣面臨消費需求減少、甚至破產倒閉的經營危機。宮澤社長為了小鉤屋資金周轉問題向銀行借錢，卻常常遭到冷嘲熱諷。經多方貴人提供建議與激發靈感，宮澤社長打算利用足袋的傳統原型加上新技術的開發應用，創造出像足袋一樣具有「裸足感」的跑鞋，並命名為「陸王」。

「陸王」的開發並非一蹴可幾，新鞋採用足袋的傳統造型，但在鞋底與鞋面皆需突破創新採用合宜的材質，而研發與製造均需要大量資金的投入。宮澤社長為此積極奔走尋求鞋底與鞋面創新材質發明人與供應商的協助，以及向銀行甚至大企業尋求資金挹注。宮澤社長想起自己曾在一場馬拉松賽事替選手加油打氣時看到一位茂木選手，他在快要抵達終點時突然跌倒受傷卻忍痛力圖爬起再跑，這一幕給予當時面臨小鉤屋發展困境的他無限鼓舞，心想如果「小鉤屋」能成功開發出「陸王」給茂木選手穿，不僅能幫助他重新回到跑道並爭取最佳表現，也能成功行銷原本名不見經傳的「陸王」，一舉兩得。這個觀念與作為反映出企業發展的「**微笑曲線**」，除了商品製造之外，同時還要重視研發與品牌行銷。

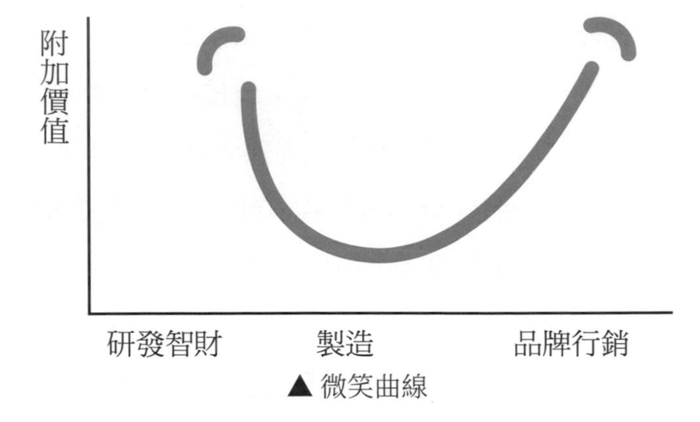

▲ 微笑曲線

微笑曲線

宏碁集團創辦人施振榮先生提出有名的「微笑曲線」理論。他指出企業創造的價值如同微笑的臉，左右有兩個高端，中間則是低點。**左端是研發智財，右端是品牌行銷，均有很高的附加價值，而中間的低點則是製造，附加價值相對較低**。企業應努力朝研發智財與品牌行銷的方向發展，否則可能會陷於停滯甚至遭到淘汰。

其實茂木選手在學生時期本來是位棒球選手，雖然後來因為手臂受傷無法繼續棒球夢，但他並未放棄對運動的熱情，甚至轉念自許：「我還有一雙腳」，故轉換人生跑道改為參加馬拉松賽跑。然而命運多舛，茂木選手因跑步姿勢導致腳部受傷，但他仍不放棄，努力練習調整跑步姿勢以尋求東山再起的機會，而「陸王」的輕盈設計正好有助於茂木的新跑姿。在劇末的馬拉松比賽，茂木選手幾經思考後決定放棄另一個知名品牌贊助的跑鞋，改穿真正適合他自己且一路相挺到底的「陸王」，最終跑到終點勇奪冠軍。從宮澤社長與茂木選手的身上，我們可以看到他們對於理想不變的堅持，以及為了達到目標而做出適當改變的智慧。

2-2 刺蝟與狐狸的性格

思想家 Isaiah Berlin 曾引用古希臘詩人的一句話：「狐狸知道很多事，但刺蝟只知道一件大事」，並提出「刺蝟與狐狸」的觀點來區分這兩種性格。**刺蝟型的人會用某個核心基本的觀點去看待世界，可說是吾道一以貫之**，就像刺蝟遇到危險時，只有一招，就是蜷縮成一團長滿刺的小球，讓敵人不敢靠近。**狐狸型的人則是具有無窮好奇心而多方涉獵，追**

求許多目標，手段也很多元富有彈性，可說是四面八方兼容並蓄，就像狐狸一樣靈活狡猾，設想各種可能性，花招百出。

企業經營者的性格也可從「刺蝟與狐狸」的觀點來剖析。刺蝟型的經營者專注於擅長的事業，只知道維繫企業命脈的一件大事就牢牢抓住，精益求精發揚光大。狐狸型的經營者則是知道很多事，多角化經營，觸角無限延伸。在寓言故事裡，狐狸想方設法要吃掉刺蝟，但刺蝟則鼓刺全張以不變應萬變。當刺蝟與狐狸相鬥時，到底誰能勝出，見仁見智。或有人贊同刺蝟的策略，認為應該專注完美近乎苛求，讓狐狸知難而退，然而刺蝟也可能會故步自封，百密難免一疏，反遭狐狸伺機出招擊中要害。

我們可把專注於晶片製造的台積電類比成刺蝟，而多角化經營不斷併購成長的鴻海集團則如同狐狸一樣。其實刺蝟與狐狸未必就絕對二分勢不兩立，**企業經營者也可兼具刺蝟與狐狸兩種性格，把不變與應變拿捏的恰到好處**。在《陸王》一劇中，我們看到宮澤社長就具有刺蝟與狐狸的兩種性格：

一、刺蝟性格

1. 宮澤社長始終堅持讓小鉤屋繼續經營以達到基業長青的理想。
2. 宮澤社長領導小鉤屋所開發的「陸王」跑鞋，仍維持傳統足袋將大拇趾和其他腳趾分開的基本造型。

3. 宮澤社長提出「陸王」的品牌發展戰略之後，就積極致力於進行研發及商品化，不論遇到多少次關於技術、資金的阻礙，甚至遭強大的競爭對手挖走既有的鞋面供應商，都想方設法突破困境，並堅持守護「陸王」的品牌。

二、狐狸性格

1. 宮澤社長遇到小鉤屋資金短缺面臨危急存亡困境時，除了願意傾聽在銀行工作的戰友所提出開發新商品的建議外，也願意拜訪運動用品店增進對於跑步與跑鞋的專業知識與經驗分享，並親自到馬拉松比賽現場觀看選手的路跑歷程。正因為宮澤社長願意多方涉獵與嘗試，才會在大賣場逛到跑鞋時靈光乍現，想出改良足袋做成跑鞋的概念並積極投入研發工作。

2. 宮澤社長經戰友引薦獲知蠶絲成型的 Silk Clay 專利技術，可讓「陸王」鞋底具有輕薄強韌的優點，乃三顧茅廬拜訪 Silk Clay 專利權人，積極爭取技術移轉授權。另外就「陸王」的鞋面，宮澤社長認真尋找能提供最佳織布材質的供應商，進而善用小鉤屋職人們細膩的織作手工，將鞋面與鞋底完美縫合，整合多邊技術。

3. 宮澤社長面對競爭對手的打擊與各種現實難題，均發揮小廠靈活應變的巧實力，一一克服。在小鉤屋遭遇資金枯竭之絕境，而國際大廠趁機提出收購要求時，宮澤社長雖一度有接受收購條件以讓「陸王」繼續發展的念頭，卻在關鍵時刻以小鉤屋驚人的研發力與職人魂為後盾，相繼提出業務合作，以及附有併購權的債權投資提案，也就是讓大廠先借錢給小鉤屋研發「陸王」，在一定期限後如研發失敗而未能正常還款，則接受大廠以債作股的併購，惟如「陸王」成功發展而獲得豐沛的收益，小鉤屋仍能獨立存續。

最後，**從品牌行銷的觀點來看**，宮澤社長看準茂木選手具有馬拉松跑者堅持到底、越挫越勇的精神，因此始終支持茂木選手，且不斷研發並提供適合茂木選手的各種升級版的「陸王」跑鞋；而茂木選手也不負眾望，化失敗為力量，一路跑來終獲冠軍，更擦亮「陸王」的品牌價值，充分發揮運動行銷的威力。

2-3 真正的陸王：Nike 的品牌故事

日劇《陸王》故事激勵人心、佳評如潮。而台灣也是全球知名的製鞋王國，幫助包括 Nike 在內的許多國際知名品牌代工。寶成、豐泰、華利等集團可說是台灣隱形冠軍，而華利集團創辦人張聰淵先生甚至曾榮登台灣首富。在微笑曲線裡，台灣製鞋業雖居於中間製造的位置，但因如刺蝟般專注於製造而獲得品牌業者的信任，故仍能賺取巨額外匯。面對產業轉型與勞工工資成本考量，台灣製鞋業從早期在台灣發跡，後來又布局於中國、越南，具有配合客戶需求及規模遷徙的靈活彈性，亦可說是如狐狸般敏銳矯健。

從微笑曲線的品牌端來看，Nike 是知名運動品牌，其創辦人 Phil Knight 把他創辦 Nike 的心路歷程與創業秘辛寫成《鞋狗》(*Shoe Dog*) 一書（台灣出版的書名譯為《跑出全世界的人》，而中國出版的書名將原文 *Shoe Dog* 直譯為《鞋狗》，生動表現出製鞋職人全心投入的感覺，更為傳神，故本書乃以《鞋狗》稱之），成為創業及企管的經典活教材，也深獲好評。**Nike 是運動鞋市場的龍頭，可說是真實世界的陸王！《鞋狗》提到 Nike 早期與日本及台灣鞋業的合作關係，國人讀之更有感覺。**

原來 Knight 並非一開始就投入 Nike 運動鞋的研發，而是打算爭取日本鬼塚品牌（即現今熟知的 ASICS 品牌）在美國的代理權。Knight 在史丹佛大學商學院就讀時曾寫過一篇論文，文中主張鑑於日本相機既然可以動搖被德國商品主導的相機市場，因此日本的運動鞋應該也能達成同樣的結果（當時世界運動鞋市場可是由德廠的 Adidas 所稱霸）。而 Knight 會對運動鞋商品有興趣，則源起於他在奧勒岡大學唸書時就是一名田徑選手，跑步是他一輩子的興趣活動。Knight 進而與他在大學時期的田徑指導教練共同創辦公司，代理銷售日本鬼塚品牌的運動鞋，從美西開始銷售再拓展到美東市場。後來雖然結束與日本鬼塚的合作關係，Knight 仍持續推展運動鞋事業，並創立 Nike 品牌，成功推出幾款令人驚艷的運動鞋，之後更與知名運動明星 Michael Jordan 簽下代言合約，成為世界運動鞋市場的霸主！

在《鞋狗》一書中，Knight 提到台灣的代工廠對 Nike 貢獻良多。因日本製鞋工廠的優勢漸失，Knight 來到台灣尋求替代的合作廠商，書中有一段寫道：「接下來的一周，我們參觀了 20 幾家工廠。大多數條件都很差，又黑又髒，工人彎著腰一臉茫然地走來走去。但是就在台中市之外一個被稱為斗六的小鎮，我們發現了一家有希望的工廠。這家工廠名叫『豐泰』，負責人是王秋雄，一個很年輕的小伙子。雖然工廠面積不大，但是乾淨，有一種積極向上的氛圍……。」從豐泰的公司年報及媒體報導可知，豐泰靠製鞋賺很大，最主要的客戶就是 Nike。豐泰不僅幫 Nike 代工，也協助進行新型鞋款的技術研發。Nike 與豐泰從早期合作迄今，可說是一路跑來，始終如一。

Knight 認為他自己、合夥人、團隊夥伴、以及豐泰的王秋雄都是鞋狗，也就是指那些全心投入設計、製造、銷售鞋子的人，意思就是愛鞋成痴。而《陸王》裡的宮澤社長也可說是鞋狗！Knight 畢業於名校 MBA，並不覺得賣鞋子不高尚，反而執著於其年輕時的運動興趣，一輩子都與鞋子為伍，從賣鞋到製鞋，從日本到美國再到全世界，擦亮了具有雅典勝利女神意涵的 Nike 與勾勾形狀的商標品牌，這就是專注完美的刺蝟精神。而豐泰的王秋雄，發揮代工創新的精神，專注服務 Nike 客戶，成功不必在我，不僅是鞋狗也是刺蝟。當面臨產業轉型與市場機會來臨時，Knight 與王秋雄則變得像狐狸一樣，適時地應變翻轉，將運動鞋這個傳統產業轉型成高科技公司，不僅工廠智慧化，運動鞋也結合大數據及社群行銷，成為全民運動休閒生態系的一環，例如推廣全民瘋路跑而帶動周邊產業，又如 Nike 跨業併購身體掃描軟體公司，亦強化高科技在運動健身的應用。這就是兼具刺蝟與狐狸的性格，適當拿捏不變與應變的尺度，才能不斷奔跑向前，基業長青。

小結

2018 年 4 月 16 日波士頓馬拉松在風雨中開跑，由日本選手川內優輝以 2 小時 15 分 58 秒成績奪冠，他來自於「陸王」發源地的日本埼玉縣，其腳下穿的鞋子正是日本的 ASICS 品牌。ASICS 是由希臘格言：「健全的心靈寓於健全的身體」(Anima Sana In Corpore Sano) 每個單詞的第一個字母所組成，寓意深遠。人生與企業經營就像一場馬拉松，跑到最後的才是贏家，在這漫長的過程中，要一心專注，也要適時地調整呼吸與速度。

Knight 在《鞋狗》一書寫道：「懦夫從不啟程，弱者死於路中，只剩我們前行。」(The cowards never started, and the weak died along the way, that leaves us.)，這就是**刺蝟性格**；而他也表示其信奉的人生格言是：**「打破常規者，人恆敬之。」(You are remembered for the rules you break.)**，此則是**狐狸性格**。刺蝟與狐狸的精神其實也可兼具於一身，猶如 Nike 的廣告標語「Just Do It」亦可作兩面解讀，也就是面對變局不管是堅持不變還是彈性權變，不要猶豫，做就對了。這有賴企業經營者及一般人們身體力行，堅持，翻轉，翻身，翻升！

Chapter 3

從《魷魚遊戲》看品牌的商標保護

線上影視串流平台 Netflix 於 2021 年 9 月間推出原創戲劇《魷魚遊戲》(*Squid Game*)。該劇甫一上線隨即爆紅，不僅在 Netflix 收視奪冠且引發話題，劇中參賽者穿的運動服以及管理人員戴的頭盔更成為當年萬聖節流行的裝飾。Netflix 旋即於同年 10 月間以「魷魚遊戲」與「Squid Game」向我國智慧財產局申請**商標註冊**，此舉有助於 Netflix 以「魷魚遊戲」與「Squid Game」的新品牌發展商業活動，例如以該商標銷售周邊商品，以及授權其他廠商使用其商標，屬於 **IP（Intellectual Property，智慧財產權）商品化的典型操作模式**。其實，將著名影劇的名稱申請註冊的案例屢見不鮮，例如漫威出品的《復仇者聯盟》(*AVENGERS*) 電影即以「AVENGERS」申請商標註冊。

Netflix 的發達之路

Netflix 是線上影視串流平台，採取訂閱制收費。受到好評的《華燈初上》一劇即是在 Netflix 上映，不僅締造收視佳績，也成功引發「誰殺了蘇媽媽」的熱門話題，讓不少人為了看劇解謎而訂閱 Netflix，展現口碑行銷的威力。

其實 Netflix 最早是從經營 DVD 租借郵寄服務起

家，其行銷亮點是取消了長期以來實體租借店採取的逾期罰款機制，解決客戶的痛點，後來甚至打敗 DVD 租借龍頭 Blockbuster。當遇上網路興起以及平台經濟的浪潮，Netflix 則華麗轉身變成線上影視串流平台，除了積極取得叫好又叫座的影劇節目授權外，還自製具有市場潛力的影片， 且能善用大數據與 AI 科技分析並向客戶推薦符合其喜好的片單選擇。Netflix 曾提供許多具有相當吸引力的優惠措施，例如可免費試用 30 天且可隨時取消訂閱、訂閱帳號可供數人共享等。傳統的電視與電影產業面臨 Netflix 異軍突起的威脅，也不得不模仿跟進，例如 Disney 推出 Disney+ 的影視串流平台。而當線上影視串流產業不斷發展且競爭白熱化，品牌行銷就顯得更為重要。

Netflix 本身就具有相當的品牌價值， 觀眾對於 Netflix 挑選過的戲劇會有高度的期待，因此其推出的原創劇即使來自不同國家也能受到廣泛關注，如西班牙的《紙房子》與南韓的《魷魚遊戲》。Netflix 也很會善用口碑行銷的手法，以《魷魚遊戲》為例，除了靠精彩的故事內容打動人心之外，更是藉由 Netflix 大力宣傳以及眾多觀眾口碑行銷而迅速爆紅。

3-1 劇名可以申請商標註冊嗎？

商標是保護品牌的法律手段，原則上必須申請商標註冊以獲得法律保護。商標應具備「識別性」，始能註冊為商標。所謂「識別性」就是指該商標足以識別商品或服務的來源，並與他人的商品或服務相區別，因為這是商標的主要功能。而以書籍、故事、戲劇、影片、歌曲與音樂等作品名稱申請註冊商標是否具備識別性的問題，則須個案認定，並非一定准許或駁回。依智慧財產局制頒的「商標識別性審查基準」第 4.7 項說明可知：習知書籍、故事、戲劇、影片、歌曲與音樂等作品名稱，如《西遊記》、《茶花女》、《平安夜》、《貝多芬第 5 號交響曲》等，對消費者而言，僅是特定著作的內容，將之使用於例如錄音帶、錄影帶、書籍、玩具等商品；或是書籍、錄影帶零售、電視播送、電台廣播服務等，相關消費者容易認為其屬商品或服務內容的說明，通常不具識別性。

至於流行或廣受歡迎的書籍、影片、戲劇等作品，常隨著作的散布而廣為人知，尤其在今日商業模式的運作下，廣受歡迎的書籍、戲劇常被改編為電影，賣座的電影常發行各種周邊商品，若作品名稱經大量使用，在消費者心中產生鮮明的印象，而有指示來源的功能，則具有識別性，著作權人或得其同意之人，得以之申請商標註冊。

例如 Netflix 本身具有高度識別性，已經是註冊商標且是知名品牌。但《魷魚遊戲》本來並不是什麼知名品牌，它只是南韓一款兒童遊戲的名稱，如此而已。《魷魚遊戲》這齣戲劇爆紅之後，劇名的知名度席捲全球，此時若《魷魚遊戲》具有指示商品或服務來源的功能，則具有識別性，得申請商標註冊。然而《魷魚遊戲》卻也掀起一陣跟風，並引發民眾搶註商標的熱潮，彷彿戲劇裡的爭奪戰在現實生活中上演！

智慧財產局對《魷魚遊戲》申請商標註冊的看法

對於《魷魚遊戲》引發的熱潮與商標註冊議題，智慧財產局於官網發布新聞稿表示：《魷魚遊戲》創造話題也創造龐大商機，Netflix 毫無疑問將會更積極運用並保護《魷魚遊戲》帶來的商業利益。根據過往的商標申請觀察，在電影、影集或電玩遊戲知名度大開後，市場很可能會湧現一波攀附的商標申請熱潮，以紅極一時的《哈利波特》、《*Harry Potter*》為例，他人申請商標經審查被核駁案件數高達 30 件 。要提醒的是，如果在他人商標成為著名後，要以相同或近似的商標申請註冊，應注意避免涉及攀附或抄襲，而引發商標權爭議的困擾。

另外，貫穿全劇的圓形、三角形、正方形紅衣面具人，也是影集賣點之一。但○△□圖形是否適合申請商標？一般來說，幾何圖形通常較難引起消費者注意，不易取得註冊。通常需要經過一番巧思進行圖樣的設計，或經過申請人廣泛使用，在交易過程中已經可以指示和區別不同的商品或服務來源，才能註冊成商標。

申請註冊商標，是為使消費者得以區別商品或服務來源，掌握商機並鞏固市場，智慧財產局並不鼓勵跟風、蹭熱度，畢竟每一個品牌的誕生，都是經營創作者的心血結晶，值得大家尊重與鼓勵。

3-2 若著名的劇名遭他人搶註商標呢？

假設某個劇名被作為商標大量使用，並在消費者心中產生鮮明的印象，而有指示來源的功能故具有識別性，甚至成為廣為人知的著名商標，但尚未在台灣申請商標註冊，倘若遭到他人搶先申請註冊，該如何處理呢？由於著名商標的形成常需要投入大量的金錢、精力與時間，故法律上會對著名商標給予更周延的保護，即使該著名商標尚未註冊，也可受到特別的保護。依商標法第 30 條第 1 項第 11 款規定，**相同或近似於他人著名商標，有致相關公眾混淆誤認之虞，或有減損著名商標之識別性或信譽之虞者，不得註冊**。**如經註冊者，則可經由異議或評定程序而撤銷**。

過往曾有人以「大長今」申請商標註冊，卻遭智慧財產局駁回而引發訴訟紛爭。法院肯認智慧財產局見解而認為：「『大長今』三字起初雖作為戲劇節目名稱使用，惟由於備受韓國與我國的觀眾歡迎，韓國 MBC 電視公司及我國八大電視台、華亞國際傳播股份有限公司均將據以核駁商標圖樣中『大長今』之韓文及漢字廣泛使用於眾多周邊商品，並積極促銷，藉此吸引喜愛《大長今》韓劇的消費者樂於購買，……堪認於系爭商標 93 年 8 月 6 日申請註冊時，該據以核駁之『大長今』商標已廣為我國相關事業或消費者普遍認知而為著名商標」(參見智慧財產法院 100 年度行商訴字第 2 號行政判決)。

至於**如何認定商標是否著名**？依智慧財產局制頒的「商

標法第 30 條第 1 項第 11 款著名商標保護審查基準」可知，**商標法所稱之著名，係指有客觀證據足以認定已廣為相關事業或消費者所普遍認知者而言，且應以國內消費者之認知為準**。著名商標之認定應就個案情況，考量下列足資認定為著名之參酌因素等綜合判斷，**包括：1.商標識別性之強弱；2.相關事業或消費者知悉或認識商標之程度；3.商標使用期間、範圍及地域；4.商標宣傳之期間、範圍及地域；5.商標是否申請或取得註冊及其註冊、申請註冊之期間、範圍及地域；6.商標成功執行其權利的紀錄，特別指曾經行政或司法機關認定為著名之情形；7.商標之價值；8.其他足以認定著名商標之因素等**。上述各項認定著名商標之參酌因素係認定著名與否的例示，而非列舉要件，且個案上不必然呈現上述所有參酌因素，應就個案具體情況，考量足資判斷為著名的參酌因素。

3-3 著名商標也可能會遭遇商標淡化的問題

除了混淆誤認之外，著名商標也可能會遭遇商標淡化的問題。「商標淡化」在概念上著重於對著名商標本身的保護，防止減損著名商標之識別性或其所表彰之信譽，此與傳統混淆之虞理論，在概念上係著重於防止相關消費者對商品或服務來源的混淆誤認之虞並不相同。

商標法第 30 條第 1 項第 11 款對**著名商標的保護包括兩種類型：1. 有致相關公眾混淆誤認之虞，以及 2. 有減損著名商標之識別性或信譽之虞**。所謂有致相關消費者混淆誤認之虞，**係指商標給予消費者的印象，可能致使相關消費者混淆而誤認商品或服務之來源**，包括將來自不同來源的商品或服務誤以為來自同一來源，或者誤認二商標之使用人間存在關係企業、授權關係、加盟關係或其他類似關係。所謂有減損著名商標之識別性或信譽之虞，**包括著名商標之識別性有可能遭受減弱，以及其信譽有可能遭受污損，構成所謂的「商標淡化」**。

以碳酸飲料之著名商標「可口可樂」(Coca-Cola) 為例，如他人以「可口可樂」商標使用於飲料以外之商品如口紅、牙刷、口琴、口罩等，則消費者可能認為「可口可樂」商標所指涉者除了「可口可樂」飲料之外，還可能包括其他不相關的商品，使得該著名商標在社會大眾的心中不會留下單一聯想或獨特性的印象，亦即其識別性被稀釋；又或是有人以「可口可惡」申請註冊商標或是申請將「可口可樂」商標指定使用於化糞池清潔服務，則可能減損「可口可樂」商標所表彰之信譽，即使上開情形並不會使相關消費者混淆而誤認商品或服務之來源，亦可能構成商標淡化。

總之，混淆誤認之虞與商標淡化二者規定係不同構成要件及規範目的，**混淆誤認之虞的規定，主要在避免商品來源之混淆誤認以保護消費者；而商標淡化規範之目的，主要則在於避免著名商標之識別性或信譽，遭他人不當減損，造成消費者印象模糊，進而損害著名商標**。因此縱使相關消費者對於衝突商標與在先之著名商標並未形成混淆誤認之虞，商標淡化仍予規範禁止。商標淡化在於避免商標識別性或信譽之減損淡化，而非在於消費者權益之保護，**尚不能謂商標淡化之概念包含於混淆誤認之虞概念之內，惟兩者在個案上亦可能併存**（參見最高行政法院 99 年度判字第 1310 號與 104 年度判字第 443 號行政判決）。

小結

《魷魚遊戲》受到全球矚目且引發話題，故事的主人翁也就是遊戲者編號 456 的成奇勳，就是在經濟動盪的時代背景下被龐大債務壓得喘不過氣來的可憐蟲，可說是現實社會的縮影，進而引發不同國籍觀眾的關注。成奇勳欠下高利貸而被追債者痛扁，還被迫簽下「放棄身體切結書」，就像是《威尼斯商人》裡與債主約定割肉抵押借款的現代 Antonio 翻版。就法論法，我們當然知道割肉抵債與高利貸都因為違反公序良俗與法律規定而無效，但現實生活中這樣的事件不僅真實存在且層出不窮。

《魷魚遊戲》的故事本身是悲慘世界的現代寓言，但也因為其內容觸及人心，引起共鳴，才使得劇名具有品牌行銷的感染力。Netflix 未來還會乘勝追擊推出《魷魚遊戲》續集，勢必再度引發話題熱潮。企業推出的品牌一開始可能就像原本的魷魚遊戲一樣名不見經傳，但經過提升品質內涵與行銷力道後，也可能像《魷魚遊戲》一樣揚名立萬，鹹魚翻身，從 Loser 變成 Winner。當企業沉浸在勝利的光環之餘，也要評估及時將品牌申請商標註冊，以擴增及掌握品牌行銷的經濟效益。

第二幕
品牌行銷與法律的碰撞與火花

品牌行銷不只與商業有關，也會涉及法律議題。我們先談品牌行銷的基本面與應用面，再分別從商標註冊、授權和維權的法律管理、以及與公平交易法、個人資料保護法、消費者保護法相關的法律議題等面向延伸討論。

Chapter 4

品牌行銷基本面

市場競爭除了靠價格、品質、服務等競爭之外，也要把優勢的競爭資訊傳遞出去。因此企業在市場上競爭常需要行銷，有如老王賣瓜自賣自誇，以促進商品的銷售。行銷的方式有很多種，均希望能對客戶消費心理與購買行為產生影響，品牌行銷則是其中相當重要的類型。企業行銷商品的策略即包括發展品牌，以強化識別功能，兼具廣告效果，以及作為品質保證，目的就在於維護商譽、擴大品牌接受度並賺取品牌溢價。品牌與行銷的結合，相輔相成，更能發揮強大的影響力。我們先從行銷促進銷售談起，再探討品牌與行銷相輔相成以及品牌形象之維護，最後則期許企業重視其品牌承諾，且能妥善處理糾紛與負評。

4-1 行銷促進銷售

企業於市場競爭中，常需透過行銷以促進銷售。行銷固然會增加成本的支出，但有效的行銷則能增加銷售的收益。現今各種行銷手法及商業活動在實體與網路世界如百花齊放般盛行，已滲透到人們生活的每個層面，讓人眼花撩亂。

行銷與銷售的連動關係

商業經營有兩個面向，一個是行銷，另一個是銷售，兩者具有鏈結的連動關係。行銷的英文是 Marketing，也就是市場 (Market) 的進行式，讓人感受到把市場攪動的活力。行銷與銷售有關，但並不相同。商業競爭常需要行銷以促進商品的銷售。行銷可說是銷售前的一連串動作，就像籃球賽透過不斷地小組短傳（即行銷）再妙傳給處於最佳位置的球員上籃得分（即銷售）。申言之，我們日常生活中的購物決定，常是在經過社群媒體及廣告不斷洗腦後而點擊下單。例如買一台新創品牌的多功能清潔機之前，可能會先在臉書或 Line 上看到朋友使用心得、團購優惠訊息、專家掛保證推薦、商家精彩動人的廣告文宣以及新聞的專題或業配報導。這些一連串動作都算行銷，有如籃球不斷地短傳做苦工。最後消費者終於被打動而按鍵購買，此則如上籃得分，先前辛苦傳球行銷總算達成商家銷售商品之目的。

銷售可以帶來收益，行銷則需支出成本。如果行銷得宜，可刺激更多的銷售，帶來豐厚的收益，花錢行銷也就值得。甚至銷售之後也要繼續行銷，做好客戶關係並贏得好口碑，才能帶來回頭客的下一波買氣 。特別是**病毒式行銷 (Viral Marketing)** 的效力更強，有如新冠肺炎病毒的擴散效應。

病毒式行銷

新冠肺炎疫情蔓延，讓民眾深切感受到病毒的高度傳染力，而行銷也可能發揮像病毒般的擴散效應。過往透過主流的電台與電視所進行的廣告行銷是中央式由上而下的廣播模式。現今透過社交網路傳遞的行銷訊息，則**構成分散式多點增生由下而上的病毒式行銷**。

例如經過社群媒體及通訊工具傳遞關於品牌的口碑或評語，可以在各圈層的人際網路蔓延，其背後可能是有計畫的行銷設計。早期最有名的病毒式行銷案例是發生在電子郵件剛興起時，每位 Hotmail 使用者發出的電子郵件最後都有一行文字邀請接收信者到 Hotmail 申請自己的免費電子郵件帳號。類似手法現在已相當普遍，例如把品牌訊息傳給朋友或在臉書打卡，則享有折價或贈品優惠。

病毒式行銷目的是透過分享傳播引爆風潮，許多知名企業在新創時期擴展業務會採取病毒式行銷的手法。例如團購業者 Groupon 請你介紹給朋友，如果朋友第一次購買，你就可獲得 10 美金獎勵；而雲端儲存業者 Dropbox 的用戶只要將帳號連結至臉書或推特帳號，就可獲得 150MB 的儲存空間。這樣「好康道相報」的心理與行動，一傳十，十傳百，有助於讓品牌訊息從基層發出多對多的行銷訊息，像病毒般擴散出去。

諾貝爾經濟學獎得主 Herbert Simon 提出「**注意力經濟**」**(Attention Economy)** 的概念， 並指出在資訊高速發展的時代，注意力的價值將會超過資訊。誠然，進入網路時代後，面臨商品資訊氾濫以及銷售渠道變多，消費者反而更難從琳瑯滿目的商品做出適當選擇，因此行銷的力道更具有巧勁。企業為吸引消費者目光，推廣品牌時常需結合社群媒體、大數據分析、AI 技術等以做到口碑行銷與精準行銷，而各種行銷科技也應運而生。甚至連政治活動都商業化而勤於做行銷，如動員網軍來帶風向，進而影響輿論及選票動向。

行銷如流水

商場如戰場。孫子兵法有云：「兵無常勢，水無常形；能因敵變化而取勝，謂之神」。**行銷就像流水一般，千變萬化並**

無常形。行銷也像漏斗般，將行銷的「流量」轉化為銷售的「留量」。行銷與銷售都兼顧固然重要，不過實務上也有商業模式偏重某一方，亦即以行銷為主的商業模式，以及以銷售為主的商業模式。以行銷為主的商業模式重視流量，致力於吸引眼球數，越多人瀏覽、關注、按讚、留言、分享、訂閱、開啟小鈴鐺、成為粉絲，帶來越多流量，則越有社群影響力。挾著大流量的優勢，除可建立自身品牌之外，亦可幫品牌企業推銷代言，藉此賺取廣告收入，讓流量變現。社群網站、影片分享網站、新聞網站、網紅等都是此種類型。

至於以銷售為主的商業模式，則是以銷售商品所獲得的收入為業，可能是銷售有形無形商品，或是各種服務，收費方式可能是按數量計價，或是按時間計價採取訂閱制。購物網站、網拍業者、串流平台、批發零售商、傳直銷業者等都是此種類型。以銷售為主的商業模式也需要行銷，除了自己來做之外，常會與行銷業者合作結盟並支付廣告費，將粉絲變成消費者，將人流與資訊流化為金流，以賺取交易收入。

我們可以將行銷為主的商業模式與以銷售為主的商業模式，看成太極生兩儀，彼此循環互導，將行銷的流量轉化為銷售的留量，形成生生不息的生態系統。實務上有業者本來採取經營社群行銷模式，再跨入商品銷售模式，例如 Line 已進入電商領域；也有本來以商品銷售模式為主，再涉足社群行銷模式，又如全家便利商店也經營社群電商並推出團購折扣圈住客戶。許多集團企業旗下公司經營之行銷與銷售更容易彼此交流合作，而傳直銷與社群行銷的結合已顯示強大的火力。不論出發點的商業模式為何，最後都「匯流」在一起，可說是殊途同歸，虛實整合將「流量」轉為「留量」，構成全方位的競爭。

行銷講究 **4P，也就是商品力 (Product)、價格力 (Price)、推廣力 (Promotion) 以及通路力 (Place)**。以咖啡行銷為例，咖啡豆本身以及各式咖啡都可以是行銷的商品，至於商品如何定價、如何透過廣告、公共關係及各種手法來促銷推廣、以及如何透過線上與線下的多種通路場景來觸及潛在消費者，都是屬於行銷的一環而且環環相扣。行銷的 4P 也可用流水來具象化：商品猶如流水上的船，優良的船身設計有助於船的流動；而越優惠的價格與越吸引人的促銷活動，可助長行銷的流行；而流水行經的通路是寬是窄是分叉又或是匯流，也會影響船的運行狀況。行銷要做得好，可道法自然：Be Water（李小龍的名言）！

▲ 行銷 4P

CITY CAFÉ 的行銷案例

統一超商推出的 CITY CAFÉ 善用行銷 4P，標榜賣的是好咖啡 (Product)，而且很平價 (Price)，常配合節慶舉辦打折與買就送的促銷活動 (Promotion)，更是方便易取 (Place)。在隨處可見的超商購物順便買杯咖啡帶著走，或是買杯咖啡順便在店內購物，已成為現代上班族的日常活動，可見一斑。

CITY CAFÉ 的品牌代言人桂綸鎂帶來小清新的優質感受，其廣告台詞：「整個城市就是我的咖啡館」至今仍讓人耳熟能詳，而統一超商更全面發展「在城市　探索城事」的行銷策略並就「探索城事」申請商標註冊，帶領客戶一同探索 CITY CAFÉ、精品咖啡、新美式咖啡、現萃茶、藝文及各種產品等，可見行銷的神奇魅力。

行銷 4.0

行銷學大師 Philip Kotler 認為**行銷的本質就是說服**。行銷的概念除包括行銷商品或服務之外，亦可擴展到許多領域，套用到地方（如行銷城市／國家）、人物（如行銷名人／明星）、想法（如行銷自由／平等）、信念（如行銷運動／健身）等。這樣看來，我們的確是生活在一個充滿行銷的世界裡：除了常見的品牌業者透過各種方式行銷商品之外，新創企業向天使投資人與創投公司募集資金、企業經營權爭奪戰中公司派與市場派在報紙上刊登廣告說帖以尋求小股東的支持也是行銷。而行銷也不限於商業行為：政治上各政黨候選人到處拚場拉票甚至與擁有百萬粉絲團的網紅一搭一唱以尋求選民的支持、乃至於家庭裡父母身教言教作伙一起來以導正孩子的行為（參見本書尾聲的《鞋衣物語》）等，其本質都是行銷，而說服別人以贏得認同進而採取行動也的確需要行銷。

Philip Kotler 所寫的《行銷 4.0》一書，提到**行銷的概念已由傳統的以商品為導向 (1.0)，進展到以客戶為中心 (2.0)，再轉變為以人為本 (3.0)，現在更進化到結合網路與實體世界互動、善用機器與機器的連結、並利用人與人的連結、以及強化客戶參與的行銷 4.0 階段**。不僅應鎖定目標客戶，還要積極取得客戶社群的認可。為了使品牌有更多人擁護，行銷人員應將重點放在**年輕人 (Youth)**、**女性 (Women) 及網民 (Netizen)** 上，**亦即所謂的「YWN」**；也要注意客戶其實更相信 **F4，那就是朋友 (Friends)**、**家人 (Family)**、**粉絲 (Fans) 及跟隨者 (Followers)**，而不能僅靠品牌的單向行銷傳播。

數位經濟時代的行銷戰術

面對數位經濟時代，行銷 4.0 提倡的行銷戰術強調以下：

人本行銷	品牌人性化提升吸引力
內容行銷	說出好的品牌故事來創造客戶好奇心
全通路行銷	實體與虛擬通路雙向結合一網打盡以完成品牌承諾
參與行銷	讓客戶參與倡導商品以增進品牌的親和力

▲ 數位經濟時代的行銷戰術

以 YouTube 平台為例，現今已有許多品牌企業透過 YouTube 以故事影片傳播品牌廣告，甚至與名人或素人的 YouTuber 合作，讓品牌更親切地與網民互動，而 YouTube 的廣告影片也會針對使用者收視習慣而推出更為精準的行銷，此等即為行銷 4.0 的應用實例。

隨著數位科技的發展，更有助於與品牌行銷相輔相成，而發展出**行銷科技 (MarTech)**，也就是 Marketing 與 Technology 的結合。現今很多客戶購買品牌商品不是因為看到電視廣告而行動，而是透過電腦與手機接觸到來自網路社群及廣告對品牌的推薦與口碑行銷。因此品牌不能自視甚高而一廂情願地單向對客戶老王賣瓜自賣自誇，而應善用社群網路、大數據分析及 AI 技術進行「社群聆聽」，在網路上主動監測品牌相關的對話，由眾多雜訊中過濾出客戶情報資訊與流行趨勢，進而優化行銷模式。更有業界專家倡議引進「**成長駭客」(Growth Hacker)** 到企業內，以技術工程進行精實有效的行銷，將流量轉化為銷量，落實行銷成效的數字管理。

成長駭客行銷術

「成長駭客」一詞是**指具有技術能力與行銷思維的混血人才**，他們能夠在有限預算下，以技術能力來分析數據及研發軟體，進而採取創新的行銷方式，促進銷售業務的成長。

矽谷科技名人 Andrew Chen 於 2012 年在其部落格發表的一篇文章：「成長駭客就是新一代的行銷副總」引起廣大迴響，他提到成長駭客是行銷人員與程式設計師的混合體，當遇到傳統的問題：「如何為商品找客戶？」成長駭客會回答：**A/B tests（以不同商品版本測試市場水溫）、Landing Pages（導引潛在客戶經由不同管道到達商品頁面）、Viral Factor（病毒行銷的擴散感染因素）、Email Deliverability（讓電子郵件成功到達潛在客戶而未被過濾或忽視的能力）**及 **Open Graph（開放社交關係圖譜）**等計量模組的技法，甚至商品設計本身就要考慮行銷，使其技術功能還兼具行銷的效果。

成長駭客的行銷科技手法與時俱進。例如現今跨平台的行銷多利用開放 **API（Application**

Programming Interface) 的應用設計與平台接軌，像是在網頁上附載臉書的讚與分享的按鈕，即是利用臉書所開放的 API 供網頁設計使用而嵌入連結，又如飯店開發訂房服務的 App 可藉由 Uber 開放的 API 嵌入叫車功能，讓飯店與 Uber 各蒙其利，共創雙贏的商機。實體商家也會想要搶搭 Pokémon GO 的 AR 遊戲列車，吸引客戶來店內或到附近景點抓寶可夢。由上可見，這種跨平台的行銷魔法，藉由協力互補，共創雙贏，已是成長駭客的基本功夫。至於一般素人雖欠缺技術能力，亦可援用許多平台或駭客提供的行銷技巧，作為行銷自己與商品的工具。

企業在競爭激烈與資源有限的市場環境中，要靠行銷促進成長動能實屬不易。特別是對於新創事業來說，在剛開始的起步階段，公司一直在燒錢，商品的最佳化還沒到位，推不大出去，營收的金錢還沒進帳，哪還能投入高額的行銷預算。精實企業的真諦就是將資源有效運用，杜絕不必要的浪費，這也包括行銷預算的精實。在有限資源下，要像駭客一樣改變思維，精密計算，才能尋求突破，以創新的行銷方式把商品賣出去，讓企業保有成長優勢。成長駭客努力尋到柳暗花明又一村的捷徑是搭橋至知名網站平台，借力使力，開發該平台既有的客戶群來使用本公司的商品，以加速成長。以 Airbnb 為例，該公司的成長駭客在草創階段，透過高明的繞道技術搭橋到當時熱門的分類廣告網站 Craigslist，使得 Airbnb 的出租廣告也可出現在 Craigslist 的分類廣告中，因而可接觸到該平台的廣大客戶，站在巨人的肩膀上看得更遠。

4-2 品牌行銷相輔相成與品牌形象維護

品牌行銷是企業行銷商品的重要方式，目的是讓消費者一看到品牌就能直覺性地聯想到對應的商品與品牌業者。如果將企業當作一個人，那麼品牌則是企業的門面，需要打扮得光鮮亮麗讓客戶能對該企業留下好印象；同時企業也有名譽與品格的面向，應重視品質保證與企業的社會責任。唯有從裡到外用心經營品牌，企業才能贏得消費者的信賴並創造更大的商機。

品牌行銷相輔相成

根據國際知名的品牌調研機構 Interbrand 所發布 2022 年全球最有價值品牌報告，蘋果蟬聯王座（品牌價值約為 4,822 億美金），Coca-Cola 為第 7 名（品牌價值約為 575 億美金）、Nike 則為第 10 名（品牌價值約為 502 億美金）。蘋果高居第一應該符合大多數人的預期。而 Coca-Cola 曾經多年稱霸王座，雖然在資訊經濟時代早已被蘋果超車，但仍居於第 7 名，可見其仍有相當影響力。Nike 則是運動品牌的龍頭，還能在全部品牌排行中居於第 10 名，其勾勾商標的魅力亦不容小覷。

品牌具有識別商品來源的功能，也是行銷的方式之一。好的品牌也代表商品的品質保證，同時會在消費者心中留下深刻的印象。一看到該品牌就能馬上聯想到特定的企業以及特定的商品。例如大家看到被咬了一口的蘋果馬上就會聯想到推出 Mac、iPod、iPhone 以及 iPad 的蘋果公司。同時，企業藉由品牌行銷以強調品牌商品與類似商品的差異性。**隨著網路時代的開展，商品資訊氾濫以及銷售渠道變多，消費者反倒難以從琳瑯滿目的商品中做出適當選擇，而知名品牌則會提高消費者的選擇與購買意願。**

品牌涵蓋的範圍很廣，除了使用在商品上的商標之外，還包括商譽、企業文化、公司名稱、創辦人、執行長、代言人、標語、口號等。企業行銷商品的策略即包括發展品牌，以強化識別功能，兼具廣告效果，以及作為品質保證，目的就在於擴大品牌接受度並賺取品牌溢價。有品企業提供品質好的商品，可獲得消費者的信賴。固然無印也會有良品，而今日山寨可能成為明日主流，但發展品牌方為企業永續經營之道。強勢的品牌甚至可以有別於特定企業或商品而獨樹一格，例如落建這個品牌過去是輝瑞的金雞母，現已轉由嬌生所有。又如 Amazon 品牌從單純賣書跨足到其他各種電子商務領域甚至雲端服務。這類強勢的品牌不僅是企業併購標的中閃亮耀眼的資產，還可作為企業多角化經營的最佳行銷利器，是企業經營品牌的極致表現。

行銷有如商品的化妝術，抹粉施脂打造美麗的外在。無論行銷手法再怎樣花招百出，最終都必須讓消費者的目光聚焦到品牌，才算達陣。倘若請了大明星代言推銷商品，觀眾對於代言人的舉手投足目眩神迷，卻忽略了其所代表的品牌，則是失敗的行銷。在品牌沒沒無聞時，需要行銷品牌，一旦品牌有一定知名度後，則可用品牌來強化行銷的力道。由於企業行銷品牌需投入相當預算成本，理所當然會希望透過擴大銷售業績以還本逐利；同時還要儘可能發揮品牌力量，吸引消費者的注意，以爭取交易機會。

品牌生態系統

品牌生態系統包括：**企業內部組織部門、外部合作的供應商、銷售商以及客戶群，亦包括多角化經營的產業版圖以及異業合作的夥伴**。各單元彼此之間存有供需或互補關係，透過聯繫、協調、結盟、平台化等機制，形成穩定成長的命運共同體，強化生態系統的競爭力，以謀求永續發展，共存共榮。

現今的品牌競爭走向生態系統發展。品牌逐漸平台化，成為供需多方的橋樑，而平台可能歸屬於某個更大的生態系統。如蘋果的電腦、iPhone、iPod、iTunes、App Store、Apple Watch、Apple TV 等包括多種平台串連的生態系統。又如 Google 的搜尋引擎、地圖、各種應用工具、Android 手機系統以及 YouTube 等建構的生態系統。Google、Apple、Facebook、Amazon 等來自美國的 Big Four 就代表 4 個龐大的品牌生態系統，正在逐鹿中原看誰能稱霸天下。

5A 行銷路徑

企業為提高消費者對品牌的關注力，在推廣品牌時常需結合大數據分析、社群媒體甚至是 KOL (Key Opinion Leader) 與 KOC (Key Opinion Consumer) 等協助，以做到精準行銷與口碑行銷。行銷學大師 Philip Kotler 在《行銷 4.0》一書提出在**網路時代的 5A 行銷路徑**，包括：

A1：認知 (Aware)；

A2：吸引 (Appeal)；

A3：詢問 (Ask)；

A4：行動 (Act)；

A5：倡導 (Advocate)。

▲ 5A 行銷路徑

基此，品牌行銷除了要透過廣告、傳播讓客戶知道該品牌 (A1)，還要具有吸引力 (A2)，讓客戶讚嘆之外還能進而向朋友、網路（如 Google、Facebook）、品牌企業詢問商品相關資訊 (A3)，乃至到實體或網路商店作出購買的行動 (A4)。銷售固然是行銷的目的，但並不是終點。5A 路徑更重視購買後的倡導推薦 (A5)，亦即客戶不僅繼續使用這個品牌商品，還將好口碑透過各種推薦分享的方式(如在臉書上按讚推文、輸入推薦碼可獲得折扣優惠等）讓其他人知道這個商品，導入另一個 5A 路徑的良性循環。

例如知名品牌 Nike 不僅賣運動鞋，還透過 App 的生態系統來行銷運動的概念；誠品書店也積極推展誠品人會員制度與線上線下的全通路布局，以提升誠品的品牌價值。此外，市場上亦常見品牌業者與大型流通業者進行雙品牌結盟行銷，發揮魚幫水水幫魚的效果，如 Disney 與 Uniqlo 聯手合作的主題服飾銷售。而在新興的數位網路環境下，品牌透過網路社群進行口碑行銷，已成為主流之行銷模式。

總之，行銷的理念與手法不斷推陳出新，品牌行銷更要與時俱進、相輔相成，讓客戶起心動念進而購買推廣。銷售固然是行銷的目的，但並不是終點。現代行銷更重視購買後的倡導推薦，亦即客戶不僅繼續使用這個品牌商品，還將好口碑透過按讚推文讓其他人知道，導入另一個良性循環。

Nike 與 App 生態系統

Nike 是世界知名的運動用品品牌，最為人熟悉的品牌商標就是 Nike 、 勾勾標誌以及 Just Do It 的廣告標語。Nike 除了銷售運動服飾、球鞋及設備之外，還經營自己的商店 NIKETOWN，掌握行銷的通路管道。當手機 App 興起，Nike 也推出其品牌 App，形成一個生態系統，藉此推廣運動的概念並激發運動的熱情。當人們享用 Nike 的 App 而越來越喜歡運動健身 ， 自然而然也會想要購買 Nike 的品牌商品。

例如 Nike Run Club 的 App ， 標榜其可追蹤跑步紀錄、邊跑邊聽音樂、接受量身訂做的教練指導、還能呼朋引伴一同跑步。又如 Nike Training Club 的 App 標榜其可幫助使用者利用個人專屬計畫開始健身訓練，同時能根據自己的進度、行程及其他活動進行調整 ， 還可由世界級的教練 Nike Master Trainer 帶領 ，讓例行訓練不再單調枯燥而充滿新奇與活力。

由上可知，**Nike 做的不只是賣鞋的生意，而是說出一個生動的品牌故事**。Nike 與使用者建立關係、搭築社群、進而型塑出運動健身的良好心態與習慣。當人們越常使用 Nike 的 App ，自然更會想要購買 Nike 銷售的運動服飾、球鞋及設備。由此亦可見真正高明行銷的不僅可促進銷售，還能影響消費者心理，先讓消費者心動進而才會行動！

維護品牌形象

商業的本質其實就是複製，同一品牌的店家可以複製很多，透過直營或加盟在同一品牌下開枝散葉，壯大規模。但要能維持相同的優良品質，體現獨特的品牌價值，維護品牌形象，則更需要用心經營。例如以小籠包出名的鼎泰豐，從台灣發跡進而跨足全世界，成功擄獲眾多饕客的味蕾。鼎泰豐對於品質管理的高標準要求與實踐，不僅彰顯品牌價值，也是台灣之光！

品牌企業是許多因素的綜合體，不是依樣畫葫蘆照打一個招牌就可以蒙混過關。同一品牌企業的分支機構，應用心複製，使得推出的商品或服務能具有相同品質。企業可透過直營系統使分店長得一樣，但這需要投入相當的資金與各種資源。如果採取加盟模式，總部的成本雖可降低，惟複製的難度就提高，畢竟總部與加盟店僅是契約關係並非透過股權掌控，要複製得一模一樣，總部就要提高控制力，除建構完整的協力廠商與供應鏈之外，亦須與各地分店在加盟契約中設計控制條款及安排標準化作業規範，並進行教育訓練及落實稽核控管，但卻會增加分支加盟店的成本。惟若不嚴格控管，一家分店出包亂搞，就可能毀了一個加盟品牌。由上可知，品質與品牌的控管也都有成本，商業市場的一切複製其實都要精打細算，進行成本效益分析，Z（利）>B（弊）的才有做下去的理由。

星巴克的「一家店」理論

在全球開設上萬家咖啡館門市的星巴克曾歷經營運走下坡的危機，2008 年時回鍋擔任執行長的 Howard Schultz 力挽狂瀾的故事至今仍讓人津津樂道。他將那段過程記錄在《勇往直前》一書，其中提到義大利米蘭的一家刀具店，製作精美優良的各種刀具，並標榜「只此一家，別無分號」。**Schultz 對該店家專注唯一力求完美的創辦理念極為激賞，立志要讓星巴克上萬家店都具有完美「一家店」的品質。**

Schultz 回任執行長後堅持要尋回咖啡帶給客戶

的「星巴克體驗」。他立下 7 大行動方案，包括：1.成為舉世公認的咖啡權威、 2.提高夥伴的參與感並鼓勵士氣、3.讓客戶再度迷戀星巴克、4.在全球擴張版圖，把每家門市變成各地的社區活動中心、 5.率先以道德方式採購咖啡和保護環境、 6.為星巴克的咖啡創造有創意、有價值的成長平台、 7.實踐永續經營的商業模式。Schultz 希望每一位星巴克夥伴對於咖啡從土壤進入杯子的歷程都應該保持熱情，還要具備與客戶分享咖啡知識的技能、熱忱和承諾。每家店面都能透過咖啡訴說星巴克的故事並讓客戶親身體驗，這就是 Schultz 所追求「一家店」的精神！

台灣有跟得上發源地西雅圖水準的星巴克，也有成都路上的老牌咖啡館蜂大與南美；速食業有麥當勞的品牌連鎖店，也有只此一家的溫州街蘿蔔絲餅達人。不管是多家還是一家，任何品牌要成功，都必須具有「一家店」的優異品質。

品牌還須兼顧品質與品德

業界向來對「品管」(Quality Control) 的認知是針對商品

的「品質」管理而言，然而**「品牌」與「品德」亦與「品質」關係密切**。企業要能夠做到有品，除了商品要有好品質，好品牌之外，企業及其經營者更要有好品德。品牌光環即使曾經輝煌，但若是金玉其外敗絮其中，一旦被揭穿真面目，終將黯淡無光。

消費者買東西希望「物美價廉」，所謂「物美」就是指「品質」好。由於「價廉」也是消費者購買商品的主要考量，且常見強勢通路商要求低價促銷卻又收取上架費、廣告費等費用增加企業負擔，故有企業透過降低成本的方式來達成價廉的結果並獲取穩定利潤。企業藉由內部成長或外部併購而大量生產所獲得的規模經濟，或是研發創新的專門技術以減少資源浪費等措施，皆可降低成本，且有助於促進經濟發展。惟若提供劣質商品或冠以不實的標示與包裝來欺瞞消費者，雖亦可降低成本，卻會危害民生安全。誠然，品牌本身也代表著商品的品質保證，消費者相信企業為了品牌的商譽與永續發展，會用心製造與販賣每個品牌商品。通常消費者願意多花一點錢買品牌商品，並不是為了付錢讓業者買廣告做行銷，而是因為品牌背後所代表的品質保證。

此外，現今消費者亦相當重視品牌的品德，關心品牌商品是否由血汗工廠製造或衍生環境污染，這也與企業社會責任息息相關。例如某知名手機品牌被指控其代工廠為血汗工廠、以及手機有爆炸的風險，引發消費者的高度關注與社會輿論的批評，也讓該品牌企業不得不積極面對與處理。畢竟虧損是一時的，品牌商譽才是永遠的！又如星巴克標榜其咖啡豆的來源與烘焙的品管，並強調其重視公平貿易與勞工福利，除了展現該企業重視商品品質與企業品德外，也可作為企業在進行品牌行銷時的亮點。

No Logo 的省思

品牌業者無孔不入地入侵我們的日常生活，也可能衍生道德危機。Naomi Klein 所寫的《*NO LOGO*》暢銷書提出警示，品牌無所不在的世界恐導致我們：

1. **沒有空間 (No Space)**：因為連文化與學校教育都對品牌行銷屈服，社會到處都充斥各種品牌。
2. **沒有選擇 (No Choice)**：因為品牌業者的併購、合作而越來越強大，且預先審查干預，剝奪了人們對各式各樣文化選擇的願景。
3. **沒有工作 (No Jobs)**： 因為企業保留品牌與行銷部門，卻將製造及工作外包給其他業者。

從而消費者只能聽從品牌的召喚，照單全收。然而光鮮亮麗的品牌背後如果採取危害社會的手段如壓榨勞工與污染環境，恐引起大規模的勞資糾紛與環境爭訟，亦嚴重損害品牌業者的商譽，消費者將從追隨品牌轉向**抵制品牌 (No Logo)**，供需雙方產生對立與不信任。良心企業應兼顧品牌、品質及品德，才能贏得消費者的口碑與信賴。如品牌作惡，可能會激化消費者抵制甚至不服從的運動，將造成兩敗俱傷。

品牌再知名，一旦品質隨成本一起向下沉淪，甚至發生詐偽情事，將使企業辛辛苦苦經營的品牌毀於一旦，消費者對品牌的信心一夕崩盤，恐如洪水潰堤，一發不可收拾，再強大的企業帝國都有可能崩解。因此，**企業的「品德」才是品質保證及品牌發展的核心價值**。外在的法律規定，只能約束看得到的表面，唯有好的品德方能確保企業在外界看不到的陰暗死角，仍進行光明磊落的有品管理。現在越來越多企業重視企業的社會責任，可見企業品德的重要性。

企業社會責任

在新冠肺炎蔓延台灣之際，我們樂見許多公司善盡企業社會責任，在民眾最艱難的時候挺身而出，不管是簡化紓困貸款行政作業、推出防疫保單、提供民眾防疫包、援助數位資通器材與軟體、降低營業場所租金，又或是大額捐款、出錢出力協助國家向原廠取得疫苗等，這些正向力量不僅有助於疫情之緩解，也有益於提升企業形象。例如專注於製造晶片的台積電已成為台灣的護國神山，其與鴻海集團共同捐助 BNT 疫苗給台灣民眾施打，其善盡企業社會責任的精神著實令人感佩。

企業的善行義舉符合 2018 年新增訂的公司法第 1 條第 2 項規定：「公司經營業務，應遵守法令及商業倫理規範，得採行增進公共利益之行為，以善盡其社會責任」。而證交所也已制定「上市上櫃公司企業社會責任實務守則」俾供遵循。許多企業包括台積電、聯發科、鴻海等亦順應潮流定期公布其企業社會責任報告書。誠如電影《蜘蛛人》的經典台詞：「**能力越強，責任越大**」，企業固然是以營利為目的，仍應善盡社會責任。取之於社會，用之於社會，值得讚賞。

4-3 品牌承諾與糾紛負評的處理

企業的品牌承諾 (Brand Commitment) 如果打折扣，會影響消費者對品牌的忠誠度，消費者可能因此琵琶別抱，甚至引發詐欺控訴的糾紛。

過往曾發生某號稱國內最大網路平價成衣品牌遭到網友群起抵制，緣起於該品牌當初標榜台灣製造，卻因產能不足而將部分商品移到國外生產，並移除商品網頁上的產地標註聲明，因而遭指摘違背其先前對消費者的承諾。而某知名健身集團的負責人遭法院判決詐欺罪定讞並入監服刑，即係因其被控隱瞞該集團財務狀況惡化，難以繼續營業，卻仍招收預付型會員。

是詐欺還是違約？

企業經營品牌若不能獲得消費者的信賴，除了可能導致銷售業績下滑之外，亦可能伴隨法律糾紛，增加訴訟成本。就品牌行銷而言，如有不實欺騙情事，可能構成詐欺的民刑事責任，也會涉及公平交易法的不實廣告而應負擔行政及民事責任，廣告代言人則須與廣告主負連帶損害賠償責任。從商品品質保證來說，商品存在品質瑕疵甚至是掛羊頭賣狗肉的黑心商品，除構成**違約與侵權責任**之外，亦可能引發**消費者保護法的團體訴訟**。企業如遭強制或為挽救商譽而自願召回商品，均將承擔巨額虧損及衍生的法律責任。

品牌違背承諾會被認為是一種不具誠信的行為，但未必構成詐欺。所謂**詐欺是指傳遞不實資訊使相對人產生錯誤認知的行為，而且必須自始就有詐欺的故意**。如果品牌業者提出承諾時即有意履行承諾，且該承諾成為合約的內容，但因事後各種突發因素而礙難履行，充其量僅為一種民事違約的行為。惟如品牌業者提出承諾當時就存有詐欺的故意，且使消費者陷於錯誤而為交易，則該承諾即屬詐欺，可能構成刑事犯罪。

現實生活中常見消費者遇到品牌違背承諾時，向檢警單位對品牌業者的負責人甚至員工提出詐欺告訴，可藉此發揮「以刑逼民」的效果以迅速地獲得民事賠償。檢察官與法官應依法判斷行為人當初承諾時是否有詐欺故意，如果沒有，則會認定本案純屬債務不履行之民事糾葛，應循民事訴訟之途徑解決。司法實務上有認為：經濟行為本身原寓有不同程度之不確定性或交易風險，交易雙方本應自行估量其主、客觀情事及搜集相關資訊，以作為其判斷之參考，非謂當事人一方有無法依約履行之情形，即應成立詐欺罪（參見台灣高等法院89年度上易字第4528號刑事判決)。

關於品牌業者當初承諾時是否具有詐欺的故意，於事後判斷時可能受到「後見之明」的影響，特別是當品牌違背承諾並非只是單一個案而是牽連到許多消費者，並造成財產、身體或生命的嚴重損害，如經媒體廣泛報導，很可能使得原本僅是單純債務不履行的民事案件，演變成社會矚目的刑事詐欺案件。畢竟是否有主觀的犯意並不容易證明，執法者可能會從事後客觀的事證間接推論詐欺故意，難免會受到輿論的影響。

妥善處理詐欺糾紛的法律風險

品牌業者必須注意其違背承諾所可能遭遇的法律風險。消費者**除了提起刑事告訴並附帶提起民事求償之外，尚可能以業者違反公平交易法與消費者保護法為由，向公平交易委員會與各縣市的消保官提出檢舉**，而**金融商品消費案件現在已有金融消費者保護法可管，並有財團法人金融消費評議中心受理消費者投訴**。畢竟個別消費者的力量有限，如單獨提起民事訴訟主張契約撤銷而應回復原狀或主張債務不履行，因為要請律師又要先繳納裁判費，並不經濟。因此實務上常見消費者先依法向政府機關檢舉，或是透過網路連繫其他受害者互相支援而共同發聲（例如成立專屬網站或利用社群網站集結相關資訊與籌劃行動方案），甚至向媒體爆料，訴諸輿論公評。

被控詐欺者可能包括公司負責人、高階幹部及基層員工。然而詐欺行為可能只是公司高層人員所策劃，基層員工係信賴商品資訊之正確性而行銷，並無詐欺故意，又或反過來是員工為求績效獎金而私底下對消費者進行詐欺，公司高層並不知情也不易監控。但因詐欺事件搞得滿城風雨而民怨高漲，導致上開人員全部被控是有組織的共犯集團，此際必須回歸法律與證據審判才能切割自清。因此品牌業者不能小看客訴案件，公關部門及法務部門應通力合作，及早解決問題以免發生滾雪球效應而一發不可收拾。更重要的是要做到事前預防，不僅在給消費者的契約文件與商品標示要清楚正確地記載重要的交易資訊（必要時可提供聲明書交給消費者簽署表示其已了解相關資訊），實際行銷的業務人員也應謹守分際，不可信口雌黃，傳達不實的訊息給消費者（必要時可將簽約事宜改由專人負責，由其向消費者覆核業務人員傳達之訊息是否正確）。

企業維持品牌承諾，並非口頭說說，還需要身體力行，健全內控內稽制度之設計與執行。這牽涉到對商品的檢驗以及對人員的考核，即使透過分層負責及外包處理，企業負責人及高階主管也應對下屬員工與供應商善盡監督之責，做好組織管理及供應鏈管理。否則，賺大錢坐擁豪宅的榮景最後可能落得蹲在狹窄空間內吃牢飯的下場，不可不慎。品牌承諾如果打折扣，會影響消費者對品牌的忠誠度。任何不誠實的行銷手法一旦東窗事發，皆可能造成品牌形象的嚴重傷害。企業應積極促使**外顯品牌與內在品質「名實相符」**，以免發生詐欺或消費爭議案件而嚴重打擊企業長久辛苦經營維護的商譽價值。品牌承諾是企業的重要資產，而誠實是最好的政策。如果品牌不得不違背對消費者的承諾，應視為企業風險，甚至應提高至董事會層級並積極處理，不可等閒視之。

品牌應重視負評處理

企業若未能履行品牌承諾未必構成詐欺，也可能是內控運作出差錯，應上緊發條好好改進。倘若遭到消費者客訴，或是在網路負評，甚至抵制商品，不應一概視為無理刁民或洪水猛獸，反倒應虛心檢討，並藉此機會進行企業改造工程，讓企業朝向更好的方向來發展。

企業的行銷策略向來多注重擦亮品牌美化門面以營造口碑正評的效益，人力及財務等資源也多集中於此，然而對於負面評論，卻常常是保持「遇到再說」的心態。然而一旦發生社會矚目的商品瑕疵及損害商譽事件，這種心態反而會使企業無法妥善處理，更慘的是還有可能以身試法，淪為別人前車之鑑的商業教材。例如過往曾發生多起食安事件引爆民眾就關聯商品發動「秒買秒退」行動，同時透過社群網路傳遞訊息給朋友以散播抵制的理念。如果這類的抵制行動只是發生在量販店的零星游擊戰，或是對街上的陌生人發傳單，並不足以引起病毒式傳播的效應。然而現今由於社群網路的發達，使得原本屬於弱勢一方的消費者，得以藉由網路傳播及社群連結來呼朋引伴聯手對抗強勢企業，像是呼籲通路商下架爭議商品、發動拒買抵制及退貨活動等都是消費者力量的展現。**這種由下而上的草根反動力量，實不容企業主與執政者輕忽漠視**。

因此，企業應建置部門人員及 SOP 以隨時注意大眾傳播媒體或網路新興媒體是否出現任何有害企業商譽之言論。如發現有此類的言論存在，應立即調查其內容是否屬實，並蒐集掌握相關事證。倘查為真實言論，自當虛心檢討改進，甚至公開道歉，反而有助於修復企業商譽；如另亦涉及洩漏營業秘密，應研析適當之處理措施。惟如查為不實言論，最好的對應方式未必是放話威脅警告或立即採取法律行動，因為此舉可能引起民眾社會的反感，特別是與民生相關的大規模消費事件。法律有其局限性並非萬能，從務實的角度來看，企業宜採「先禮後兵」的策略，透過媒體公關於第一時間提出澄清公告並附上佐證資料。如仍有人忽略企業提供的事證而繼續為不實言論，反足證其誹謗惡意以及未合理查證，可作為企業未來提起民刑事訴訟的證據，以維護品牌商譽。

此外，企業也可善用新科技進行媒體公關，除在官網上刊登澄清啟事以及更詳細周延的有利事證(如食品檢驗報告)之外，亦可向臉書或其他入口網站購買廣告置入企業的公開說帖或簡明易懂的懶人包並連結至官網，或進而與名人及意見領袖合作，由他們在部落格、臉書、Line 甚至電視政論節目，提出有利企業的觀點，有助於企業版本的事實與意見更快速且全面的傳播給民眾。

在現今社群網路發達的環境，消費者抵制運動的力道不容輕忽，用心經營、歷久彌堅的品牌形象可能會因突發事件未能妥善控管而毀於一旦，重建消費者信心則需花費更多的勞力時間成本。由此更凸顯企業讓品牌維持應有的品質才是最好的行銷方式，這也是企業品德的展現。畢竟品字三口，三口成眾，獲得群眾好口碑的品牌也要有好品質與好品德，才稱得上是名實相符。

小結

品牌行銷是企業行銷的主流模式。企業固然要發揮品牌行銷的影響力，也應**注重「品牌」、「品質」及「品德」**三口組。許多孩童在還不識字時，就已經認識樂高、麥當勞等品牌，可見品牌之影響力。然而誠如《小王子》一書中，小王子的好朋友狐狸對他所說：「只有用心，才能看清事物，本質並非眼睛所能看見。」而品質與品德才是品牌的核心價值，唯有從裡到外認真經營品牌，莫忘初衷，永保赤子之心，童叟無欺，才能贏得消費者的信賴並創造更大的商機。

Chapter 5

品牌行銷應用面

品牌行銷的基本理論與實務運作與時俱進且推陳出新。大家都是做中學，有模仿有創新，如百花齊放，千變萬化，其實並沒有放諸四海皆準的必勝法則。品牌行銷有各種可能的應用場景，也會有不同的目的標靶。且容我們先從角色經濟、網路直播及運動行銷等面向談起，讓創意像子彈飛一下。

5-1 角色經濟助攻品牌行銷

許多漫畫與動畫故事裡的角色不僅帶給人們歡樂，還可衍生開發出多樣角色商品以及行銷各種品牌商品，促進更蓬勃的經濟活動。例如 Disney 旗下知名的卡通人物米老鼠，以及由日本漫畫家藤子．F．不二雄所創作出來的哆啦 A 夢，都是膾炙人口的經典動漫角色，雖然米老鼠與哆啦 A 夢從角色誕生至今已超過 50 年，但直到現在還是可以發現它們出現在各種商品上。而漫威打造出來的超級英雄如鋼鐵人、美國隊長等，不僅相關電影票房大賣，周邊商品的銷售業績更是強強滾，許多廠商也會希望取得知名角色的授權來行銷自己的品牌商品，這就是**角色經濟**的魅力。角色經濟的發展需要奠基於角色的法律保護，進而透過角色經紀、授權交易及各種合作方案來促進商品銷售。

由角色形成的市場經濟

角色經濟是**指藉由角色的創造、授權、交易所形成的角色商品市場，亦包括角色與品牌的合作以行銷品牌商品的商業活動**。角色可能來自於動漫、小說、戲劇、電影的故事情節，也可能脫離故事而獨立存在。角色可能自己即成為品牌，也可能與其他品牌合作。當角色與品牌結合時，某程度是利用受大眾歡迎的角色幫品牌說故事，進而促進商業活動的發展。

企業會希望取得知名角色的授權來行銷自己的品牌商品，這就是角色經濟的魔力。固然品牌企業也會找娛樂業或運動業的明星來代言，但明星代言費價碼高且可能會陷入醜聞或緋聞爭議而影響品牌商譽。相對上角色代言就安全多了，因其具有高度可控制性。角色經濟形成多樣的生態圈，環環相扣，相輔相成，才能共存共榮。

人人都是寶可夢訓練家——Pokémon GO 的行銷術

寶可夢的手機遊戲——Pokémon GO 於 2016 年進軍台灣後，掀起民眾的抓寶熱潮，而為了捕抓寶可夢，大批民眾聚集在北投公園的畫面也被 TIME 雜誌網站報導。寶可夢原本最早在台灣叫做神奇寶貝，當時神奇寶貝的漫畫與動畫風靡全台，也是現今許多大人共同的童年回憶。而在虛擬世界裡捕抓寶可夢的夢想，隨著 AR 擴增實境及 GPS 地圖定址等技術的結合與運用，創造出新世代的寶可夢手機遊戲，一圓民眾兒時捕抓寶可夢的夢想。

Pokémon GO 透過各種行銷方式，如品牌行銷（遊戲本身有寶可夢公司、任天堂等大公司加持）、角色行銷（例如皮卡丘、噴火龍、鯉魚王、卡比獸等）、故事行銷（寶可夢的動漫劇情）、事件行銷（媒體爭相報導各地抓寶的瘋狂景象）、感官行銷 （酷炫的 AR 虛擬遊戲地圖與現實地理場景相結合）、飢餓行銷（按國家地區逐步開放遊戲下載） 等，使得 Pokémon GO 甫一推出就登上台灣地區 App 下載排行第一名，許多本來沒聽過寶可夢的人也因為這股抓寶熱潮而成為手機遊戲的忠實客戶。

許多商家看準這款遊戲帶來的人潮與錢潮，希望透過遊

戲中虛實交會的設計，順勢推廣行銷自家品牌或商品。例如在 Pokémon GO 中，由於有「灑櫻花」的補給站，寶可夢出現的機率相對提高，為了吸引人潮聚集，許多業者紛紛在自家店家附近的補給站大量撒花，希望透過這樣的方式來提高集客力。

角色總動員

Disney 的動畫電影伴隨著許多人成長，同時更創造出許多經典動畫角色。例如家喻戶曉的米老鼠首次登場的動畫電影便是 Disney 於 1928 年推出的《汽船威利號》。其後 Disney 還陸續推出多部賣座的動畫電影，如《美女與野獸》、《獅子王》、《冰雪奇緣》 等。值得一提的是，Disney 公司的傳奇 CEO Robert Iger 在其任內相繼併購了皮克斯、漫威及盧卡斯影業等公司，囊括《玩具總動員》、《復仇者聯盟》、《星際大戰》等經典賣座強片，以及各種知名角色如胡迪、巴斯光年、鋼鐵人、美國隊長、天行者、黑武士等智慧財產權。這些角色不僅豐富了 Disney 樂園的各種遊樂設施，更替 Disney 公司創造了角色經濟的生態系統，讓米老鼠等知名角色單純靠授權也能幫公司賺錢！

由於台灣民眾對於日本動漫接受度相當高，因此很多日系動漫角色在台灣也廣為人知，其中最具代表性的角色當屬哆啦 A 夢與 Hello Kitty 了。2020 年是哆啦 A 夢漫畫出版 50 週年，麥當勞便趁機推出 4 款期間限定的哆啦 A 夢愛作夢抱枕；Uniqlo 也推出哆啦 A 夢聯名潮 T，引起搶購熱潮。而精品名牌 GUCCI 於 2021 年歡度百歲生日之際，更與戴上金牛角的哆啦 A 夢攜手推出聯名商品，帶來牛年新氣象！相對於哆啦 A 夢伴隨著好朋友大雄成長的故事，Hello Kitty 本身並沒有令人印象深刻的故事，但光靠 Hello Kitty 貓本身的可愛模樣，就征服了全世界的少女心，周邊商品也深受大眾喜愛。其他像《鬼滅之刃》的漫畫、動畫及電影在台灣形成一股鬼滅旋風，主角炭治郎一邊殺鬼一邊尋找拯救妹妹禰豆子的故事感動人心，同時帶動原著漫畫以及周邊角色商品的銷售熱潮。

角色的法律保護

角色經濟裡的各種授權與合作之商業模式，奠基於角色受到著作權與商標權等法律保護，故其他業者特別是知名大廠願意洽談商業開發方案而不敢違法利用，以免招致侵權的法律責任及損害企業品牌商譽。

好的故事能創造出令人印象深刻的角色，而具有創作性的故事通常可以獲得著作權的保護；至於角色可否獨立於故事之外，另外得到著作權的保護，則需看個案情形而定。**角色如果具有一定的圖像，一般來說應可獲得著作權的保護。因為著作權法保護創作的表達，但不保護抽象的概念**，而具有一定圖像的角色創作如米老鼠、哆啦 A 夢等，顯然是一種具體的表達且屬於美術著作。至於像小說、故事裡透過文字所描述出來的角色，相對上就比較抽象，實務上認為該角色必須要達到清晰描繪的標準才能獲得著作權的保護，例如金庸筆下的楊過、張無忌等角色具有獨特的人格特質且經清晰描繪，可為著作權標的。

美術著作

依著作權法第 5 條規定，著作類型包含：語文著作、音樂著作、戲劇、舞蹈著作、美術著作、攝影著作、圖形著作、視聽著作、錄音著作、建築著作、電腦程式著作等。

其中所謂的美術著作則包括：繪畫、版畫、漫畫、連環圖（卡通）、素描、法書（書法）、字型繪畫、雕塑、美術工藝品及其他之美術著作。

> 大多數的角色因具有特定圖像而屬於美術著作的類型，不過也有角色是用文字來表達，較接近於語文著作。

角色於創作完成後即受到**著作權保護**。此外，角色還可以透過向主管機關申請商標註冊的方式，就商標與使用的商品類別予以登記，以取得**商標權保護**。若未經授權而抄襲他人享有著作權或商標權的角色設計，則會構成侵權而需負擔民刑事法律責任。實務上許多知名的角色都採取著作權與商標權的保護以維護權益，例如某家台灣廠商自中國廠商購買而銷售多項近似於史努比、哆啦 A 夢、小熊維尼的平面設計而轉成立體的造型商品，經法院判定侵害權利人的著作權與商標權（參見智慧財產法院 98 年度刑智上更（三）字第 2 號刑事判決）。另外，對物品的角色設計亦可申請**註冊設計專利**，而知名角色還**可能構成公平交易法上所謂的著名表徵**，他人若有混淆之利用或榨取權利人之努力成果，則可能構成不公平競爭。

角色的商業開發

角色的權利人除可自行利用角色（如 Disney 眾多角色活躍於 Disney 樂園與 Disney+ 影視串流平台）之外，另可授權他人進行商業開發，如三麗鷗將 Hello Kitty 授權其他業者開發各種文具、玩具、特展、主題商店、樂園，以及用於品牌商品等商業模式。又如日系快時尚服飾品牌 Uniqlo 經常推出與米老鼠、哆啦 A 夢等知名角色聯名合作的潮 T。

值得注意的是，在角色商品化開發合約中，為了確保角色商品化的品質，多會要求被授權人將角色應用於商品或專案企劃設計時應遵守的規範，且就設計圖稿、樣品、成品等均應送角色權利人審核。若未經審核或雙方認知有所不同，則可能會引發法律爭議，如過往發生之哆啦 A 夢商標授權製造商品案（參見最高法院 93 年度台上字第 1751 號民事判決），以及 Hello Kitty 圖案授權合作開發主題遊樂園案（參見最高法院 106 年度台上字第 731 號民事判決）。

此外，角色商品化開發合約亦可能特別約定：被授權人未經角色權利人同意，不得將其契約上之地位、權利或義務，包含使用權、商品化權之權利或義務之一部分或全部，轉讓、再授權予第三人之要求。若被授權人違反者，則可能遭角色權利人終止合約及要求損害賠償，且衍生終止契約是否合法之爭議，如過往發生之 Hello Kitty 40 週年限定特展之合約爭議（參見智慧財產法院 108 年度民著上字第 2 號民事判決、最高法院 108 年度台上字第 1046 號民事判決）。

角色經紀的助推

由於 Disney、三麗鷗等大型公司角色授權的業務量相當龐大，因此本身就設有專門部門或人員來處理角色 IP 授權與合作開發等事宜，而在成功將角色推向世界的舞台後，也會在特定國家與市場將角色專屬授權給特定公司以負責當地商業推廣業務。然而對於許多角色創作者來說，由於缺少大公司的人力、財力與資源，此時便可以透過**角色經紀人（或稱文創經紀人）**的專業協助與推廣，增加角色的能見度及擴展商業合作機會，並將角色推上商業舞台。角色經紀人與創作者間是**互利共生**的關係，唯有經紀人與創作者間有著良好、正向的合作模式，才能讓角色經濟規模更上一層樓。

5-2 網路直播與 OTT

網路直播是當紅的社群互動模式，由於網路直播本身對於設備、環境、時間無太大的限制，只要有手機、簡單的設備、順暢的網路訊號，人人都可當主播，甚至在咖啡館都可看到有客人當場架起設備開直播，展現出網路直播的即時性與互動性，而這也是網路直播吸引人的地方！

網路直播不但是新興的資訊傳播方式，也會結合廣告行銷手法。直播進行的同時，彈出式廣告 (Pop-up ad) 會自動跳出，甚至與直播內容巧妙結合，將「置入性行銷」的概念發揮地淋漓盡致，畢竟天下沒有白吃的午餐，也沒有白看的直播。更有甚者，網路直播的內容就是商品銷售，主播直接在直播中推薦商品，吸引觀眾下單購買，這種「直播帶貨」、「直播拍賣」的方式，也成為新的行銷手法。

她來聽我的演唱會

他，其貌不揚，但天生有個好歌喉，彈得一手好吉他，每週五晚上 8 點他會在某個街角，豎立看板顯示自己的臉書、IG、YouTube 等網路平台帳號與 QR code，戴上耳機與麥克風，架起平板電腦與小型音響，開始自彈自唱。雖然現場的觀眾人數不多，但在同一時間，網路上卻吸引數千名歌迷同步收聽直播，還開放點歌，點數最高的曲目優先演唱。這些歌迷雖然分散在世界各個角落，有的人在家裡寫功課，有的人則正在搭捷運，還有人寂寞地在路上走著，但此刻，他們透過電腦、平板、手機聆聽著他動人的歌聲，並在網路上抒發他們的感受與感動；還有些人自發性地組成歌迷俱樂部。每次演唱的最後，他一定會唱一首招牌歌，就是張學友的《她來聽我的演唱會》，說是要唱給人不在現場的她聽。靦腆的他並沒指明她是誰，但直播世界裡的每個她都以為自己才是女主角。夜已深，但線上安可聲仍不斷迴響⋯⋯。

白天他是個小職員，聽上司的指令辦事，聽的比說的多；到了週五晚上，他則變身為人氣歌手，雖然現場觀眾白聽的比打賞的多，但透過網路直播平台的放送，他除了得到歌迷的按讚肯定外，還賺到廣告廠商贊助的折現，算下來比正職的時薪還高。隨著他的網路人氣越來越高，連上司都從女兒那裡聽聞他的盛名，不久他辭掉白天的工作，專心從事他有興趣的音樂表演，還透過直播進行吉他教學與擔任婚禮歌手。網路直播不僅替他開了一扇窗，還成為他的正職，讓直播變成職播！

網路直播的商業模式

當平台價值隨著用戶增多而增長時，就具備所謂的「網路效應」(Network Effect)。網路效應包括「單邊網路效應」與「雙邊網路效應」的概念，前者是指當某一邊市場群體的用戶規模成長時，將影響同一邊群體內的其他用戶所得到的效益，例如臉書上加入的朋友越多，朋友們就能獲取更多社交訊息，將吸引更多人加入臉書；後者是指當某一邊市場群體的用戶規模成長時，將影響另外一邊群體使用該平台所得到的效益，例如臉書上的用戶越多，就會吸引越多的第三方軟體商開發各種與臉書功能相結合的 App，如過往曾造成偷菜風潮的開心農場遊戲。另以餐飲外送平台如 Foodpanda、Ubereats 為例，當較多餐廳加入平台，將吸引較多消費者加入，反之亦然，而形成良性循環。在商業合作模式上，網路平台業者除了有供需雙方的「雙邊模式」之外，也會有三個群體循環的「三邊模式」，例如：「內容－使用者－廣告商」的媒體平台。YouTube 的 YPP 方案就是採取三邊模式，藉由網路效應帶來平台規模增長的正向循環。

YouTube 的 YPP 方案

YouTube 推出「**合作夥伴計劃**」**(YouTube Partner Program, YPP)**，是指經過 YouTube 認可通過的合作夥伴即成為 YouTuber，可以成立自己的頻道，並將自己創作的影片上傳並獲得分享廣告利潤，亦可獲得支持者的「斗內」(超級感謝的打賞)。而隨著影片瀏覽人數與頻道追蹤訂閱人數的增加，許多素人變成知名 YouTuber，例如以搞笑影片著稱的蔡阿嘎、以「九天玄女降肉」影片爆紅還能在金鐘獎開場影片尬上一角的阿翰、將英文教學融入時事與生活的阿滴、教彈烏克麗麗的馬叔叔、遊戲直播主阿神等。這些 YouTuber 們與其他平台如抖音的創作者，共同參與及建構出所謂的「**網紅經濟**」，已融入一般民眾的日常生活之中，且成為商業廣告主與廣大消費者連接的橋樑。

▲ YPP 方案

廠商的廣告費是直播平台主要的財源，再依收視率或其他計算方式分配利潤給直播主。平台業者還可向客戶收取訂閱費以拓展財源，例如非付費會員需先看完前置廣告後才能欣賞直播影片，付費會員則可直接收看，還可看到 VIP 限定版。直播影片亦可透過重播、剪輯，作不同的商業利用。直播主除了從平台收到廣告費、訂閱費的分成利潤外，也可由平台設計的客戶打賞機制（如按讚點數）折現。直播主如果聲名大噪成為網紅，還可透過商品代言、行銷、出書、甚至經營個人品牌商品來賺錢。網路直播可說是平台經濟所衍生的商業模式。

OTT 的崛起

網路直播風潮已席捲全球，以電競遊戲直播為主的 Twitch 於 2014 年間沒有被呼聲很高的 YouTube 買走，反而賣給 Amazon。Twitch 的平台造就了許多自媒體的直播主，能透過直播分享廣告收益或訂閱收入。許多直播平台甫一推出即獲好評的原因是平台業者將直播內容所帶來的廣告利潤與內容創作者分享，觀看的人數越多，分潤越多，也因此內容創作者無不絞盡腦汁，想盡各種辦法以吸引更多人觀賞。

許多直播主並非直接從觀眾獲得收益，而係由平台引介的廣告商來幫觀眾買單，內容越獲得好評熱議，觀眾則越多，與內容相伴的廣告效益就越高，廣告商自然願意掏錢買單，也就是「羊毛出在狗身上，豬來買單」的平台商業模式。類似的第三方補貼模式在網路平台商業運作上屢見不鮮，例如 YouTube 的 YPP。

過去傳統主流的電視傳播媒體，受限於頻道稀有性與昂貴的傳播設施，通常只有重大的新聞事件、運動競賽及娛樂表演等才能享有電視直播的資源與機會。但現今透過網路，平台業者與內容創作者能夠提供觀眾各種服務與交流互動，還可繞過傳統媒體的限制（如頻道與資本門檻）與法規管制（例如台灣的電視與電信產業都受到 NCC 的高度管制），有如籃球比賽的過頂傳球 (Over the top)。這種 **OTT 網路服務 (Over-the-top service) 模式**不僅促進商業創新與市場競爭，也衝擊既有的傳播媒體，例如美國 Netflix 與中國愛奇藝等網路影視串流業者進軍台灣市場，就對台灣既有的電視生態產生重大影響，有線電視收視戶數更是逐年下滑，對有線電視市場產生嚴重衝擊。

OTT 的內容提供模式可分為兩大類，包括 **PGC (Professionally Generated Content)，亦即專業者生成內容的平台**如 Netflix，以及 **UGC (User Generated Content)，亦即使用者生成內容的平台**如 YouTube。不論內容的提供者是專家還是素人，OTT 模式均是搭上平台經濟的浪潮而風生水起。

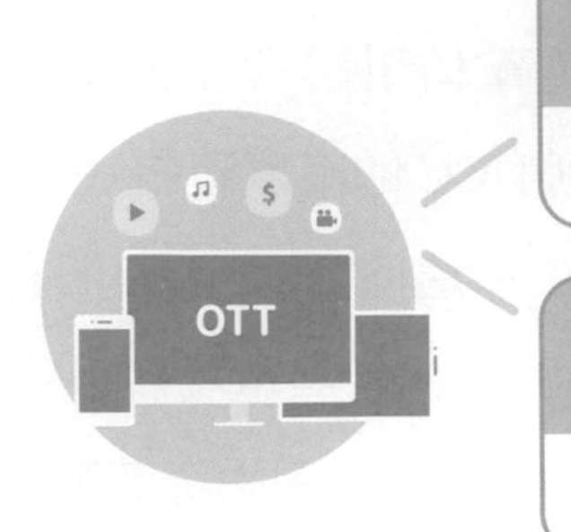

專業者生成內容的平台
PGC（Professionally Generated Content）

例如：Netflix

使用者生成內容的平台
UGC（User Generated Content）

例如：YouTube

▲ OTT 內容提供模式

平台經濟與 OTT

網路時代產業競爭風起雲湧，**平台經濟 (Platform Economy)** 已蔚為主流。Google、Apple、Facebook、Amazon 這 4 家科技巨頭（簡稱：Big Four 或 GAFA）也都經營線上平台，連結多邊的供需群組，各家的生態系統更是蓬勃發展。

傳統的商業模式是線性模式，由生產者經過供應鏈、銷售網，最後到達消費者。平台經濟則是由平台居中，連結雙邊的供需，此商業模式早已存在如市集、遊樂園，卻在網路時代大噴發，例如蘋果 iPhone 的 App Store，連結應用程式開發商以及使用者，屬於雙邊平台。而 Google 的搜尋引擎則屬三邊平台，連結使用者與網站雙邊，看似免費服務，卻是加入廣告主出現在搜尋結果頁面，作為平台的第三邊來付費買單。平台經濟常見對使用者這邊採取免費優惠，反而從另一邊獲取收費，形成跨邊補貼的現象。

OTT 平台的商業模式有採訂閱式，也有採廣告式，亦有兩者混合式者。訂閱式的 OTT 屬於雙邊平台模式，由使用者支付月租費即可不受限制地觀看隨選的視訊內容，不僅可看的影片更多，還能跳過廣告，以及享受更好的收視品質與操控快感。廣告式的 OTT 則屬於三邊平台模式，使用者雖然不用付費，但可觀看隨選的視訊內容有限，而且播放過程中會插入廣告，廣告主支付的費用就是用來補貼使用者不應支付給內容供應者的費用。許多 OTT 平台兼採廣告與訂閱模式，透過廣告模式提供免費收視服務來吸引更多使用者，如果想要增進收視體驗則需升級為訂閱模式，這樣的階層式差別訂價也常見於許多網路平台。

平台業者會致力於品牌行銷、吸引各邊群組、媒合配對、以及設計平台規則來有效管理。免費享用平台服務的使用者所提供的個資其實也算是一種交易用的貨幣，更何況還會有廣告主來買單。隨著大數據、資料經濟的推波助瀾，平台業者藉由蒐集、處理及利用使用者個資及其如何使用平台的相關資料，可以更了解使用者的興趣與需求所在，不僅可推出各種忠誠客戶方案與增加轉換成本 (Switching Cost) 以鎖住套牢 (Lock-in) 使用者，更能有效媒合平台另一邊的商品或服務提供者，也有助於廣告主進行精準行銷。Google、Apple、Facebook、Amazon 等 Big Four 的崛起與強大都有這些共同點。而 OTT 平台透過大數據、演算法及 AI 分析用戶收視（聽）習慣與行為資料，更了解他們想要看什麼，而能推出深具吸引力的影視內容。許多 OTT 平台甚至跨足自製或合製影片而掌握內容 IP。這種 OTT 平台模式不僅促進商業創新與市場競爭，也衝擊既有的傳播媒體產業。平台經濟的崛起對於各種傳統產業亦產生典範移轉的震撼效應，不容自外於時代浪潮！

5-3 運動行銷品牌動起來

由於新冠肺炎疫情蔓延及防疫考量，2020 年東京奧運延期到 2021 年舉辦。台灣運動選手在東京奧運的卓越表現鼓舞人心，得牌數量創紀錄，全民瘋奧運。舉重好手郭婞淳豪取首金，羽球男雙麟洋配接著拍下第二金，羽球天后戴資穎與鞍馬王子李智凱則分別在羽球女單與體操鞍馬獲得銀牌；而小林同學在乒乓球桌上神乎其技的表現，以及其他參賽選手包括桌球老將莊智淵與空手道小清新文姿云等均發揮奮戰不懈的精神，都讓台灣民眾深受感動且與有榮焉。因為台灣運動員有好的表現，運動行銷也應運而生，促進運動與商業的結合，讓品牌動起來，發揮「魚幫水，水幫魚」的效應。

運動與商業間的橋樑：運動行銷

運動行銷是運動與商業結合的重要管道之一。**運動行銷可分為兩個層面，一是行銷運動本身，二是行銷特定的企業品牌**。以東京奧運為例，機器人造型的吉祥物未來永遠郎以及奧運聖火的傳遞等，都是在行銷奧運這個運動盛典；至於奧運贊助廠商包括 Coca-Cola、TOYOTA、Airbnb 等，則是藉由奧運來行銷企業品牌。

東奧吉祥物：未來永遠郎

許多重要的運動賽會均會推出吉祥物，例如台灣舉辦世大運的吉祥物是「熊讚」。而東京奧運的吉祥物則為「未來永遠郎」，具有機器人的造型，象徵日本的科技進步以及善用科技來完善運動賽會的進行，其名稱則表示希望永遠有美好的未來！

運動行銷的魅力，凡人無法擋。最為人津津樂道的案例就是空中飛人 Michael Jordan 替芝加哥公牛隊奪得好幾座 NBA 總冠軍，在職籃明星的人氣與魅力的加持下，讓知名運動品牌 Nike 不惜花大筆銀子聘請他當代言人，還聯名推出 Air Jordan 品牌的球鞋，迄今仍深受球迷的喜愛，歷久不衰。

而在 2021 年東京奧運轉播期間，我們常看到羽球球后戴資穎替許多品牌代言的廣告，有與運動相關的，也有跟吃的有關，讓人眼花撩亂。相較之下，舉重金牌郭婞淳過往代言的品牌卻很少，不過她特別點名感謝知名運動品牌 Under Armour，從她沒沒無聞到現在奪下奧運舉重金牌這一路以來的支持，Under Armour 則順勢舉辦特價感謝祭的活動來回饋消費者，讓人看到企業品牌與運動員間良好的互動與正向發展。

運動行銷的法律爭議

台北市於 2017 年 8 月舉辦世界大學運動會，雖然籌備過程中風波不斷，最後卻衝出高人氣票房；而我國選手們屢奪金牌，最終更獲得總獎牌第三名的佳績，也讓世大運風光落幕。同年 8 月 31 日由世大運奪牌健兒領軍的台灣英雄大遊行嗨翻台北街頭，也振奮台灣人民長久壓抑的情緒；同日立法院也順應民意，火速三讀通過國民體育法的修正，期能改革體制及強化全民參與，開創運動新紀元。

以台北世大運為例，我們可以由以下案例檢視運動行銷相關的法律議題：

1. 吉祥物熊讚

世大運吉祥物「熊讚」長相討喜可愛，深受小朋友與大人喜愛，除了吸引民眾的關注外，還可以透過發行、販售熊讚的周邊商品來帶入錢潮。然而世大運舉辦前卻傳出熊讚的侵權爭議：諸如有民眾指控熊讚係抄襲自其於多年前設計的「蓬萊熊」；世大運推出的「Go Go Bravo　台灣有你熊讚」MV 廣告遭網友質疑抄襲日本人氣團體「World Order」的機械舞步，這些爭議均涉及到著作權。雖然獨立創作而未接觸抄襲其他著作，以及採用與其他著作共同抽象的想法，而非抄襲其具體的表達，並不會構成侵害著作權，但是身為世大運主辦城市似乎應該採取更高規格的自律及自審標準，避免捲入侵權爭議。

2. 中國喬丹

世大運贊助廠商除了長榮、華航及中華電信等企業，也包括「喬丹」，但這不是大家所熟悉的美國 NBA 籃球巨星 Michael Jordan 的個人品牌，而是來自中國福建的喬丹體育公司。由於中國喬丹並不是與台北市政府簽約，而是世大運主辦機構 FISU 的官方贊助廠商，因此主辦城市台北市對此只能照單全收。值得注意的是，中國喬丹與美國喬丹（即籃球巨星 Michael Jordan）間早已在中國法院興起多件商標訴訟，美國喬丹主張中國喬丹註冊的「喬丹」、「QIAODAN」等商標侵害其姓名權，應予撤銷。關於相關爭議，中國最高人民法院於 2016 年 12 月判決中文商標「喬丹」侵害美國喬丹的姓名權，應予撤銷重審，其理由主要是喬丹為中國熟悉的譯名，該名稱在中國具有一定知名度，為公眾所知悉；相關公眾使用該特定名稱指代該自然人；該特定名稱已經與該自然人之間產生穩定的對應關係，故屬於中國商標法第 31 條（現為第 32 條）**關於申請註冊商標不得損害之「他人現有的在先權利」**，至於英文商標「QIAODAN」則不符合上述標準，而仍維持其有效性。

關於他人著名姓名的保護，我國商標法第 30 條亦有類似的規定，即**有他人之肖像或著名之姓名、藝名／筆名、字號者，不得註冊商標**。也因此當我國運動健兒勇奪世大運金牌的畫面出現在電視上，旁邊看板卻同時出現中國喬丹的商標圖案，可能會有人質疑為何涉嫌侵權的商標也能被高調展示？但由於中國喬丹已與 FISU 簽約贊助，如果台北市政府擅自移除更改，則會衍生法律責任及影響台灣將來繼續主辦國際賽事的機會，不可不慎。

3. 戴資穎條款

台灣羽球好手同時也是世界球后的戴資穎，選擇參加和世錦賽撞期的台北世大運，為地主留下女單與混合團體賽的金牌。而悠遊卡公司推出限量 1 萬張的「戴資穎 2017 台北世大運金牌紀念悠遊卡」，甫一推出就熱銷售罄，可見運動行銷的魅力。

值得一提的是戴資穎曾經在里約奧運及其他重要賽事，發生國家代表隊與個人贊助商的衝突事件，事件起因於羽球協會和特定廠商簽定贊助合約，要求選手若以國家代表隊身分出賽，必須穿著其提供的運動用品等，但是戴資穎有其長期合作的贊助廠商為其量身訂做的鞋子與衣服，她不願意穿上不合身的運動用品，但如不配合羽協的要求，可能會遭到相關懲處。雖然戴資穎與羽協贊助商之間並無直接的契約關係，沒有違約的問題，但羽協卻得以其與球員間之約定作為懲罰依據，也因此引發爭議並受到社會矚目，進而促成國民體育法第 21 條第 4 項增訂所謂「戴資穎條款」，也就是：「**特定體育團體組團（隊）代表國家參加國際運動賽會，其與合作廠商訂定之贊助契約，應參考國際慣例與考量選手比賽之需要及權益為之；選手有個別之贊助廠商者，特定體育團體、選手及雙方贊助廠商，應於參賽前協商，並尊重運動選手之特殊需求，不得對運動選手有顯失公平之約定。**」期能合理解決贊助衝突的問題。

運動經紀的分手處理

由於台灣運動員要專心從事相關訓練需要有長期、穩定的經費來源，而這些經費來源除了政府補助外，最主要來自民間企業的贊助。為了讓運動員能專注於訓練與比賽，不用為了訓練經費東奔西走，**運動經紀人**這個角色便應運而生。運動經紀人能**協助運動員參與比賽活動、爭取品牌代言的商**

業機會以及維護個人權益，因此運動產業發展條例第 4 條亦將「運動經紀」列入運動產業。在電影《征服情海》中，一名潛力無窮卻名不見經傳的美式足球員對著飾演經紀人的 Tom Cruise 大喊：「Show me the money!」而經紀人也成功地把足球員行銷出去，實現了兩個最佳拍檔的美國夢，也可看出一位好的運動經紀人能讓運動員名利雙收。

實務上常見經紀人會以簽長期約的方式綁住運動員，然而一旦雙方喪失互信基礎，就可能面臨可否單方面終止契約的爭議。在這種情況下，運動員多會主張經紀合約屬於委任契約，這是因為民法第 549 條第 1 項規定：「當事人之任何一方，得隨時終止委任契約。」而實務上認為：終止契約不失為當事人之權利，雖非不得由當事人就終止權之行使另行特約，然委任契約，係以當事人之信賴關係為基礎所成立之契約，如其信賴關係已動搖，而使委任人仍受限於特約，無異違背委任契約成立之基本宗旨。是委任契約不論有無報酬，或有無正當理由，均得隨時終止（參見最高法院 62 年度台上字第 1536 號民事判決）；委任契約縱有不得終止之特約，亦不排除民法第 549 條第 1 項之適用（參見最高法院 95 年度台上字第 1175 號民事判決）。

例如勇奪東京奧運銅牌，有空手道「小清新」美譽的文姿云，她與其經紀公司的經紀合約被法院認定屬於委任性質，故文姿云單方終止契約後，該經紀契約關係確認不存在（參見台北地院 109 年度訴字第 4589 號民事判決）。此外，棒球員陽耀勳與其經紀人曾為經紀糾紛對簿公堂，法院認為該經紀合約屬於委任性質，故陽耀勳得單方終止契約（參見最高法院 105 年度台上字第 2037 號民事判決）可資參照。

運動與商業的合作

支持運動發展除了國家資源的補助（如基礎設施、人才培育、訓練經費、獎金發放等）之外，亦有賴運動與商業的合作。例如有台灣網球之父之稱的楊斌彥先生，其經營的四維企業集團長期贊助國內網球選手，令人敬佩。許多國內運動好手一路走來跌跌撞撞，若能有國家補助與企業贊助的相輔相成，將更有機會出人頭地。對於出國比賽贏得獎牌的台灣之光們給予國光獎金及代言合約，實屬錦上添花；而許多沒沒無聞、辛苦地鍛鍊的運動員們，更需要政府與企業長期的資源扶助，雪中送炭。誠如空中飛人 Michael Jordan 所言：「我可以接受失敗，但不能接受未曾嘗試！」台灣運動員在國際賽事發光發熱，背後其實歷經許多挫折與不斷嘗試才有今天，非常需要國家、民間企業及民眾長期的鼓勵與支持，也期盼未來能有更多企業加入支持運動員的行列，讓台灣的運動員在世界的舞台上繼續發光發熱。

小結

品牌行銷有多元的應用場景，也具有豐富的故事性。我們從角色經濟看見故事裡眾多的角色躍然紙上，與品牌相輔相成共存共榮。在網路直播與 OTT 的發展則見識到平台經濟的崛起，讓品牌行銷增加無遠弗屆的市場舞台。而在運動行銷裡更讚嘆運動員在競技場上奮力拚搏的精神，同樣也能幫助代言的品牌衝上枝頭增加能見度。人生如戲，戲如人生！各種角色登台與品牌搭檔唱作俱佳，還能透過現場網路直播吸納更多觀眾欣賞，而競賽場上的運動員也能軋上一角一同唱戲，品牌行銷真的是充滿各種可能性。

Chapter 6

企業在商標權的管理與授權

企業行銷商品的策略包括發展品牌，以擴大品牌接受度及賺取品牌溢價，而品牌力量也可透過法律之力來強化。**品牌是市場概念，商標則是保護品牌的法律手段，以強化識別功能，兼具廣告效果，以及作為品質保證與維護商譽**。商標需要妥善管理，包括商標的註冊、授權及維權等面向。這些都是企業的基本功，環環相扣，不能偏廢。做好商標管理，才能讓品牌正向發展。

6-1 商標的註冊管理

商標的英文是 trademark，trade 乃指商業交易，mark 則是標識。商標是一種商業標識，讓消費者得以辨識商標所表彰商品或服務的來源，而能與別人的商品相區別。我國就商標權的取得**採取註冊主義與先申請主義**，也就是需向主管機關即智慧財產局申請並獲得註冊後，才能取得商標權。即使先使用商標但卻未申請註冊則無法取得商標權。商標權是智慧財產權的一種，為註冊商標在指定商品的專有使用權，可授權他人使用，亦得禁止他人違法使用。

商標的識別性

商標法第 18 條第 1 項規定：「商標，指任何具有識別性之標識，得以文字、圖形、記號、顏色、立體形狀、動態、全像圖、聲音等，或其聯合式所組成。」簡單來說，**可以由消費者的感官所察知並識別商品來源的，都可作為商標**。我國商標法係以「識別性」作為取得商標註冊的積極要件，也就是足以識別商品的來源，並與他人的商品相區別。例如看到 Coca-Cola 商標（傳統商標）就想到可口可樂公司銷售的可樂，聽到 Intel 的叮噹聲（非傳統商標）就想到 Intel 公司賣的 CPU 晶片。

非傳統商標

傳統商標是以文字、圖形、記號呈現。至於顏色、立體形狀、動態、全像圖、聲音等則是非傳統商標，自 1997 年開始陸續於商標法修正所增訂。非傳統商標有許多是商品本身的設計、功能、裝飾或廣告標語，但如果具有識別性，也可成為商標的客體。我們所熟知者如金頂電池的銅、黑色組合（顏色商標）、綠油精的廣告歌曲（聲音商標）、Coca-Cola 的曲線瓶造型（立體商標）、微軟電腦作業系統的動態開機畫面（動態商標）等。而所謂全像圖是利用在一張底片上同時儲存多張影像的技術（全像術），所以可以呈現出立體影像，可以是數個畫面，或只是一個畫面，並依觀察角度不同，有虹彩變化的情形。例如「我的美麗日記雷射標籤圖」商標，使用在乳液、面膜、化妝品等商品。本商標圖樣從正面看為銀灰色，但從不同角度觀看時，將會有部分圖樣會有虹彩效果產生。

註冊號
商標 01863357

關於非傳統商標的詳細介紹，可參智慧財產局制定之「**非傳統商標審查基準**」相關說明。

商標要獲得註冊需具有識別性，商標法第 29 條並規定以下三種情形**不具識別性，包括：1.僅由描述所指定商品或服務之品質、用途、原料、產地或相關特性之說明所構成者；2.僅由所指定商品或服務之通用標章或名稱所構成者；3.僅由其他不具識別性之標識所構成者**。因為上開情形的標識是作為商品的描述或通用名稱之用（例如「生鮮」使用於蔬果魚貨、「五花」使用於肉類食品、「大理石」使用於石材)，並無識別的功用。然而**本來不具備識別性者，若是經申請人使用且在交易上已成為申請人商品之識別標識者，仍可能具備識別性，稱為「後天識別性」，因其原始意義經過交易上使用而產生具有識別性的「第二意義」**(例如「大家說英語 Let's Talk in English」原本屬英語雜誌商品的說明描述，但經過廣泛使用而具有識別性)。惟須注意因使用而具有後天識別性的商標通常需要支出相當的時間及廣告行銷費用，故如能在一開始就設計識別性較強的商標，則可節省商標申請註冊的時間費用。

商標識別性的強弱

依智慧財產局編印的《**商標識別性審查基準**》可知，商標識別性有強弱之分。**最強的是「獨創性商標」**，其本身不具特定既有的涵義，而是全新的設計標識，如 Google、Asus、Nctflix、Spotify 等商標，最容易與其他商標作區別。

其次是「任意性商標」，雖由現有的辭彙所構成，但與指定使用的商品本身或其品質、功用、特性完全無關，例如：Apple 使用於電腦、Tiger 使用於電器商品等。

最後則是「暗示性商標」，係指以隱含譬喻方式暗示商品的品質、功用或特性，消費者須運用一定程度的聯想力與推理，才能領會商標與商品間的關聯性，如一匙靈使用於洗衣粉、康師傅使用於泡麵。

商標識別性		
獨創性商標	任意性商標	暗示性商標
		一匙靈
ASUS	TIGER	康師傅

▲ 商標識別性

上述的**商標設計都具有一定程度的識別性，一般稱為「先天識別性」**。倘商標的設計是用來描述商品的品質、功用或特性（即描述性商標），例如以「燒烤」使用於餐廳服務，「低脂」使用於鮮乳等，一般認為不具識別性，因為消費者很容易認為那是商品的說明而非識別來源的標識，而且其他競爭同業也有需要使用這些描述用語來推廣商品，不適合由特定人獨占。但**描述性商標如經過長期使用且在交易上具有商品識別性時，則例外允許得申請註冊商標**。由於這種識別性非由先天設計而來，乃後天使用而得，所以稱為「**後天識別性**」。

商標就像人的姓名一樣，也是給世人的第一印象。替商標取個好名字或設計一個好的商標圖案，除了可以增加識別性，也是企業踏出成功行銷的第一步。商標設計常常會採用通俗而簡單好記的字樣，例如藥妝與保健食品常見以「Dr.」開頭的商標（如 Dr. Wu、Dr. Hu、Dr. Hsieh）以強調其專業醫學背景與品牌形象；而時裝與鞋類商品常見以人名如「George」、「Anna」等作為商標。不過一般認為用人名作為商標其識別性較低，需經過長期且廣泛的使用，或增加其他足以識別的字樣，來強化其識別性。

MISS WU 的商標識別性爭議

華裔服裝設計師吳季剛 (Jason Wu) 最為人知曉的事蹟就是 2008 年美國第一夫人 Michelle Obama 在總統就職典禮上穿上其所設計的白色晚禮服，而在 2010 年於我國的國慶大典上，第一夫人周美青女士則穿著他所設計的一襲黑白相間的合身及膝洋裝現身。吳季剛所推出的個人服裝品牌——「JASON WU」，受到名流、影星喜愛並聞名於世。至於他另外創立的副牌——「MISS WU」，則主攻年輕、低價之單品服飾與配件。

然而當台灣之光吳季剛以「MISS WU」在我國申請商標註冊時卻踢到鐵板，被智慧財產局駁回，其理由主要為：該商標之外文「MISS」由坊間多數英漢字詞典均可查得為女郎、少女、小姐（冠於未婚女子姓名前）或用以稱呼陌生的年輕女性之意，而外文「WU」則為國內常見之姓氏「吳」之意，整體商標圖樣「MISS WU」為吳小姐之意，係一般國人習用對於未婚或年輕之吳姓女性之英文稱謂，且整體商標圖樣未經特殊設計，僅為單純之外文文字「MISS WU」，以之作為商標指定使用於「手提包、肩背包、錢包、衣服、鞋子」等商品，尚不足使相關消費者認識其為表彰商品之識別標識，並得藉以與他人商品／服務相區別，自不具識別性。該案雖經訴訟仍維持原決定（參見智慧財產法院101年度行商訴字第115號行政判決）。

不過吳季剛後來重新以「MISS WU」在我國申請商標註冊則獲准（註冊號：01727001），其依據則是**符合商標法**第29條第2項的「**後天識別性**」，也就是申請人使用且在交易上已成為申請人商品之識別標識者。可見吳季剛再次以「MISS WU」闖關申請註冊商標，應該是增補許多商標的實際使用情形而產生後天識別性的證據資料。

依智慧財產局所制定之「商標識別性審查基準」，可作為判斷**是否具備後天識別性的證據，包括：1.商標的使用方式、時間長短及同業使用情形；2.銷售量、營業額與市場占有率；3.廣告量、廣告費用、促銷活動的資料；4.銷售區域、市場分布、販賣據點或展覽陳列處所的範圍；5.各國註冊的證明；6.市場調查報告；7.其他得據為認定有後天識別性的證據等，可資參考。**

商標註冊與布局

企業設計商標後需要申請註冊，並指定商標使用的特定商品類別，以取得有效的法律保護。註冊商標會公布在智慧財產局的官方文件及商標檢索系統，商標權人也會領取商標註冊證書。商標權人使用商標**宜加註商標符號®（表示已取得商標註冊）或TM（即Trade Mark，表示作為商標使用）**，使他人得以知悉。企業在設計商標前，需先進行商標檢索，以免與已申請或註冊之商標同一或近似。因為依商標法第30條第1項第10款規定，相同或近似於他人同一或類似商品或服務之註冊商標或申請在先之商標，有致相關消費者混淆誤認之虞者，不得註冊。因此，企業除了要有商標註冊之法律知識之外，還需要在最短時間內儘快申請商標註冊。

商標法有關商標不得註冊之規定

商標法第30條第1項規定：

商標有下列情形之一，不得註冊：

1. 僅為發揮商品或服務之功能所必要者。
2. 相同或近似於中華民國國旗、國徽、國璽、軍旗、軍徽、印信、勳章或外國國旗，或世界貿易組織會員依巴黎公約第 6 條之 3 第 3 款所為通知之外國國徽、國璽或國家徽章者。

3. 相同於國父或國家元首之肖像或姓名者。

4. 相同或近似於中華民國政府機關或其主辦展覽會之標章，或其所發給之褒獎牌狀者。

5. 相同或近似於國際跨政府組織或國內外著名且具公益性機構之徽章、旗幟、其他徽記、縮寫或名稱，有致公眾誤認誤信之虞者。

6. 相同或近似於國內外用以表明品質管制或驗證之國家標誌或印記，且指定使用於同一或類似之商品或服務者。

7. 妨害公共秩序或善良風俗者。

8. 使公眾誤認誤信其商品或服務之性質、品質或產地之虞者。

9. 相同或近似於中華民國或外國之葡萄酒或蒸餾酒地理標示，且指定使用於與葡萄酒或蒸餾酒同一或類似商品，而該外國與中華民國簽訂協定或共同參加國際條約，或相互承認葡萄酒或蒸餾酒地理標示之保護者。

10. **相同或近似於他人同一或類似商品或服務之註冊商**

標或申請在先之商標，有致相關消費者混淆誤認之虞者。但經該註冊商標或申請在先之商標所有人同意申請，且非顯屬不當者，不在此限。

11. **相同或近似於他人著名商標或標章，有致相關公眾混淆誤認之虞，或有減損著名商標或標章之識別性或信譽之虞者。但得該商標或標章之所有人同意申請註冊者，不在此限。**

12. **相同或近似於他人先使用於同一或類似商品或服務之商標，而申請人因與該他人間具有契約、地緣、業務往來或其他關係，知悉他人商標存在，意圖仿襲而申請註冊者。但經其同意申請註冊者，不在此限。**

13. 有他人之肖像或著名之姓名、藝名、筆名、字號者。但經其同意申請註冊者，不在此限。

14. 有著名之法人、商號或其他團體之名稱，有致相關公眾混淆誤認之虞者。但經其同意申請註冊者，不在此限。

15. 商標侵害他人之著作權、專利權或其他權利，經判決確定者。但經其同意申請註冊者，不在此限。

由於商標採取**屬地主義**，也就是僅在註冊國發生法律效力，為求更周延地保護，除了在企業母國註冊之外，還必須考量在目標市場的國家申請商標註冊。大部分的國家對商標保護採取**註冊主義**，也就是須向主管機關申請商標註冊才能獲得法律保護。美國則以使用主義為主（由先使用者獲得保護），註冊為輔。商標權人向目標市場國家一一申請商標註冊，必須花費不少委託代理與程序費用。

值得注意的是目前在歐洲的任一個國家獲得商標權的保護，有兩個方式可以考慮，其一是在不同的國家提出商標註冊的申請，另一是申請**歐盟商標** (European Union Trademark)，其特色是申請人只需向歐盟智慧財產局 (European Union Intellectual Property Office) 提交商標申請，即可在歐盟成員國取得商標權，可降低申請費用及時間。品牌企業在進入目標市場前，如發現有他人就同一或近似的商標已有註冊，可嘗試依當地法律申請撤銷該商標，或與該先註冊之商標權人談判，以求移轉該註冊商標，又或取得其同意允許兩商標併存。如有困難，則有必要考慮以其他形式設計之商標申請註冊。

商標搶先註冊之對抗

企業申請商標註冊時，如發現遭他人搶先註冊，亦可挺身捍衛權益。依商標法第 30 條第 1 項第 12 款規定，相同或近似於他人先使用於同一或類似商品或服務之商標，而申請人因與該他人間具有契約、地緣、業務往來或其他關係，知悉他人商標存在，意圖仿襲而申請註冊者，不得註冊。至於商標權人是否基於仿襲意圖所為，應斟酌契約、地緣、業務往來或其他等客觀存在之事實及證據，依據論理法則及經驗法則加以判斷。雖無業務往來但在國內相關或競爭同業之間因業務經營關係而知悉他人先使用商標存在者，亦屬本條款之「其他關係」（參見最高行政法院 98 年度判字第 321 號判決）。

因此**如果企業先使用某商標但尚未申請註冊，對於搶註者，得向智慧財產局提出異議或申請評定，以撤銷該商標**。以前述峰迴路轉的「MISS WU」商標為例，該商標已先使用，卻於獲得我國商標註冊前，遭他人以「MUSS WU」申請商標註冊，而遭智慧財產局依商標法第 30 條第 1 項第 12 款規定予以核駁，後經訴訟仍維持原處分（參見智慧財產法院 103 年度行商訴字第 131 號行政判決）。此外，如果企業尚未申請註冊之商標因行銷使用已著名者，另得援引商標法第 30 條第 1 項第 11 款規定「因為相同或近似於他人著名商標，有致相關公眾混淆誤認之虞，或有減損著名商標之識別性或信譽之虞者，不得註冊。」以撤銷他人搶註之商標。

星宇商標啟示錄

以長榮航空公司創辦人張榮發之子張國煒創立的「星宇航空」所涉的「星宇」商標為例。張國煒在 2016 年 11 月 30 日公開宣布籌組「星宇航空」，卻遭某旅行社於同年 12 月 2 日以「星宇」申請商標註冊，指定使用於觀光旅遊的運輸服務、安排旅遊等項目且獲准。

該案經異議後由智慧財產局撤銷「星宇」商標註冊，其理由主要是依據商標法第 30 條第 1 項第 12 款規定且認為：張國煒等異議人早於「星宇」商標註冊申請日前，於 2016 年 11 月 30 日已對外證實籌組「星宇航空」，傳達將成立「星宇航空」提供航空運輸服務之訊息。而實際銷售商品或服務之前，商標所有人就其商品或服務所為之廣告宣傳，也屬於商標之使用。本件依 2016 年 11 月 30 日媒體報導之相關內容資料，可知「星宇航空」予消費者之認知，不僅為航空公司名稱，亦與異議人及其表彰之服務產生特定連結，指向異議人的航空服務品牌，足堪認定異議人有先使用據爭「星宇」商標於航空運輸服務之事實。「星宇」商標權人因業務及同業等關係知悉「星宇航空」存在，則商標權人嗣後以完全相同之「星宇」二字為系爭商標申請註冊，指定使用於類似之服務，尤其申請日竟僅晚於「星宇航空」商標於媒體大量報導後 2 天，實難諉為巧合，客觀上難謂無意圖仿襲而搶先申請註冊之情事。

由上例可知**商標註冊也需要做到「超前部署」。企業在推出新公司或品牌時，宜同步進行商標註冊之布局**，以免行銷做得很漂亮，但商標卻遭別人捷足先登，還要花費勞力時間費用來救濟，那就划不來了。

商標家族

企業取得商標註冊後可能會陸續發展出其他一系列的副牌，而有必要再註冊其他系列商標，形成**商標家族**。例如平價快時尚的服飾業者 Uniqlo 另有 GU 的副牌主打更平價的服飾商品；而前述服裝設計師吳季剛註冊「JASON WU」商標主攻奢華高價服飾，又另創「MISS WU」商標主攻年輕低價的單品服飾。

此外，隨著企業成長，可能需進行多角化經營而跨足其他商品類別，亦須申請新的商標註冊或以原有商標增加指定使用的商品類別。例如 2011 年星巴克公布新的商標設計，拿掉原先招牌美人魚 Logo 外圍之「STARBUCKS COFFEE」字樣，此舉雖引起許多咖啡迷的反彈，但這樣的改變則有助於星巴克從咖啡市場拓展到其他的商品市場。因此一個企業可能擁有許多商標，必須建檔管理。

值得一提的是，著名商標擔心遭他人模仿、攀附、甚至搶註其商標，可能會**考慮額外註冊與其註冊商標近似關聯的商標，此即防禦性商標，目的是先註冊先預防別人搶註**。例如阿里巴巴集團為保護「阿里巴巴」的商標價值，另申請註冊「阿里爸爸」、「阿里媽媽」、「阿里姐姐」、「阿里妹妹」、「阿里哥哥」、「阿里弟弟」等商標；又如中國著名火鍋店業者海底撈，狀告「河底撈」湘菜館商標侵權敗訴後，為保護「海底撈」的商標價值，另申請註冊「溪底撈」、「池底撈」、「溝底撈」、「深海底撈」、「外海底撈」等商標，上開反制搶註的舉動可建立防禦性的商標家族，也可說是「以其人之道，還治其人之身」。但因為所需成本浩大，財團型企業比較有能力負擔，不過也要注意若註冊商標空有其名卻久未使用，則可能遭廢止。

商標建檔管理注意事項

商標建檔管理可由**企業內部的智財部門**或**外包給專利商標事務所**負責，應注意以下幾點：

1. 盤點企業目前**已申請**以及**已註冊**的商標。
2. **確認**上開商標之申請與註冊文件皆有**保管登錄**，且商標的授權及利用情形均**有紀錄可查**。
3. **商標權期間為 10 年且可不斷申請展延**，就所有註冊商標之權利期限及展延應有提醒機制。
4. 所有商標的**保管登錄均有實體與數位檔案**，包括將已申請註冊的商標證書妥善保管且在電腦系統以數位化管理。

5. 商標檔案數位化有助於進一步檢索、整理、分析及綜合評估。
6. **商標的使用證據亦須保管**，並應查核是否有已長久使用而具後天識別性的商標可申請註冊？是否有註冊商標久未使用？其有無積極使用及維持商標權效力之必要？商標之實際使用情形是否與註冊商標的樣式相符？
7. 檢視企業的本業為何？就該**本業所涉及之商品是否均有申請註冊商標？**
8. 檢視企業將來可能擴展或多角化經營的業務為何？就該業務所涉及之商品是否須預先規劃申請商標註冊？是否有必要避免他人搶註而預先註冊或進而**構築其他防禦性商標**？
9. **檢視**企業所有的眾多**商標彼此的關聯性**如何？有無必要具有共同特徵而展現品牌的家族性？商標家族的成員有哪些？商標樣式是否太多？有無必要簡化為主要幾種商標樣式？
10. **有無必要修改或重新設計**企業主要商標的樣式以符合企業現在的本業以及未來的發展趨勢？

商標使用的重要性

商標權係採**註冊主義**，看誰先申請註冊，不以先使用為要件，不過商標之使用也具有相當重要性。商標之使用係指為行銷目的之使用，並足以使相關消費者認識其為商標（參見商標法第 5 條)。如前所述，原不具先天識別性的商標若經由廣泛使用而取得後天識別性，則具備申請商標註冊的資格（參見商標法第 29 條第 2 項)。企業在取得商標註冊後，要繼續使用該商標於指定商品、有關物件或宣傳媒介上以行銷商品。倘若連續 3 年未使用註冊商標，可能遭第三人申請而廢止該註冊商標(參見商標法第 63 條第 1 項第 2 款)。此外，即使未先取得商標註冊，如果先使用商標，不僅有機會聲請撤銷他人惡意搶註的商標 （參見商標法第 30 條第 1 項第 12 款)，也可以主張善意先使用而與註冊商標併存(參見商標法第 36 條第 1 項第 3 款規定)。

商標法有關商標使用之規定

商標法第 5 條：

商標之**使用**，指為行銷之目的，而有下列情形之一，並足以使相關消費者認識其為商標：

1.將商標用於商品或其包裝容器。

2.持有、陳列、販賣、輸出或輸入前款之商品。

3.將商標用於與提供服務有關之物品。

4.將商標用於與商品或服務有關之商業文書或廣告。

前項各款情形，以數位影音、電子媒體、網路或其他媒介物方式為之者，亦同。

商標法第 29 條第 1 項及第 2 項：

商標有下列不具識別性情形之一，不得註冊：

1.僅由描述所指定商品或服務之品質、用途、原料、產地或相關特性之說明所構成者。

2.僅由所指定商品或服務之通用標章或名稱所構成者。

3.僅由其他不具識別性之標識所構成者。

有前項第 1 款或第 3 款規定之情形，如經申請人**使用**且在交易上已成為申請人商品或服務之識別標識者，不適用之。

商標法第 30 條第 1 項第 12 款：

商標有下列情形之一，不得註冊：……

12.相同或近似於他人**先使用**於同一或類似商品或服務

之商標，而申請人因與該他人間具有契約、地緣、業務往來或其他關係，知悉他人商標存在，意圖仿襲而申請註冊者。但經其同意申請註冊者，不在此限。

商標法第 36 條第 1 項第 3 款：

下列情形，不受他人商標權之效力所拘束：……

3. 在他人商標註冊申請日前，**善意使用**相同或近似之商標於同一或類似之商品或服務者。但以原使用之商品或服務為限；商標權人並得要求其附加適當之區別標示。

商標法第 63 條第 1 項第 2 款：

商標註冊後有下列情形之一，商標專責機關應依職權或據申請廢止其註冊：……

2. 無正當事由迄未使用或繼續停止使用已滿 3 年者。但被授權人有使用者，不在此限。

在實際使用商標時，應以**原註冊商標圖樣整體使用**為原則。為因應行銷需要，商標可能在形式上有些許改變（如變更排列方式、大小寫或字體形式)，但只要與註冊商標相較不失其同一性，都算構成商標使用。

商標權人為了維持註冊商標之效力，須證明自己實際使用該商標。而若是要主張他人侵害商標權，則須證明他人實際使用該商標。因此**有必要準備相關之使用證據**，如標示有商標圖樣的商品實物、照片、包裝、容器、招牌、型錄、價目表、契約書、出貨單、進出口報單、銷售發票、廣告、海報、宣傳單、網頁等。最好上面有標示使用日期，或請公證人公證，以免對造爭執其真正性。

商標設計與使用的九大心法

當企業要進行商標設計時，為了讓消費者容易識別並對商標留下深刻印象，需要考量企業文化、商品特色及未來發展等面向。因此當企業在替商品進行商標設計與使用時，應考量以下幾點：

1. 應盡量採用具有高度識別性的「**獨創性商標**」，也就是全新的設計標識，除了較容易取得註冊外，將來也比較容易對於仿冒者主張侵權。

2. 如果考量消費者對商標的熟悉度而採用較為通

俗的商標設計時，則須**避免採用描述性或商品通用名稱**的設計，以免無法獲得註冊，除非經過長期使用而在交易上取得後天識別性。

3. 商標設計應先進行商標檢索，避免與他人指定使用在同一或類似商品上的註冊商標近似而致消費者有混淆誤認之虞。實務上常見智慧財產局以此為理由而核駁商標註冊的申請，或是雖准許註冊，但遭第三人據此提出異議或申請評定而撤銷。

4. 有些公司會以其公司名稱特取部分作為商標（如 ABC 股份有限公司以 ABC 作為註冊商標）。倘若公司將大量投入資源經營品牌永續發展，則商標與公司名稱特取部分相同，確有助於加深商標識別性，如 Coca-Cola、Intel、Microsoft。但如係一般公司且將來可能發生商標權移轉情況，造成市場上同時存在 ABC 公司與 ABC 商標皆用來表徵行銷特定商品時，則將產生彼此競爭現象，為避免這種情形，可考慮採用不同於公司名稱的標識作為商標。

5. 取得註冊商標後，要**繼續使用**該商標於指定商品上，且**保留使用的證據**（如廣告、銷售發票等）。否則，若連續 3 年未使用註冊商標，可能遭第三人申請而廢止該註冊商標。

6.取得註冊商標後，不僅要**積極使用**該商標，還要**努力推廣**使其成為消費者所廣泛熟知的著名商標。著名商標可享有更高的法律保護，不僅比較容易對使消費者產生混淆誤認之虞的商標進行撤銷與侵權的救濟之外，對於可能減損其識別性的商標，亦可依法採取救濟手段。

7.取得註冊商標後，也有可能因商標太受歡迎或廣泛使用而成為所指定商品的通用名稱，如Aspirin（阿斯匹林），以致於原來具有識別性的商標喪失識別的功能，成為一般用語。為避免因此而遭廢止註冊商標，企業主應投入廣告資源，加深商標將該商品與企業主連結的印象。

8.隨著國際化的發展，企業除須考量在主要行銷市場國家註冊商標外，也有必要在潛在市場先申請註冊，以免遭商標蟑螂搶註而高價勒索。

9.隨著業務的拓展以及多角化經營，企業除了有必要增加註冊指定的商品類別外，亦可能需視不同商品類別，或不同客戶族群，增加副牌或註冊一系列的家族商標。

6-2 商標的授權管理

企業除自己使用註冊商標之外，亦可**授權他人使用**。商標權人將商標授權他人使用，並非坐收權利金就不管了。因商標亦含有品牌商譽之價值，如果被授權人濫用商標，甚至推出品質不佳的商品，則品牌價值也會受到損害。此外，商標權人與被授權人也可能是具有事業合作的夥伴關係，授權只是攜手合作的一環，還需兼顧相關權益的保障。

商標的專屬授權與非專屬授權

依商標法第 35 條規定，商標權的效力有兩個面向，一是商標權人於經註冊指定之商品或服務，取得商標權，二是在以下情形應經商標權人之同意：1.於同一商品或服務，使用相同於註冊商標之商標者。2.於類似之商品或服務，使用相同於註冊商標之商標，有致相關消費者混淆誤認之虞者。3.於同一或類似之商品或服務，使用近似於註冊商標之商標，有致相關消費者混淆誤認之虞者。因此，為避免侵害他人商標權，要利用註冊商標者，需取得商標授權並簽定授權契約，若未經智慧財產局登記者，則不得對抗第三人。**商標授權可分為專屬授權與非專屬授權兩大類**。

所謂「**專屬授權**」是指專屬被授權人在被授權範圍內，**排除商標權人及第三人使用**註冊商標。在商標權受侵害時，於專屬授權範圍內，專屬被授權人得**以自己名義**行使權利。此外，專屬被授權人**亦得再授權他人使用商標**。由此可見專屬授權是很強大的權利，甚至連商標權人都被排除使用註冊商標，故商標權人進行授權時，需審慎評估，不宜貿然採取專屬授權。

所謂「**非專屬授權**」則是指**專屬授權以外的授權**，被授權人不得再授權他人使用，亦無權以自己名義追訴他人侵害商標權。非專屬授權依約定內容而有多種可能性，可能是由商標權人同時授權給多位被授權人，這些被授權人授權的範圍可能相同或有所差異，也可能是採取「**獨家授權**」，也就是僅授權給一個被授權人，但是商標權人自己仍可使用商標，有別於專屬授權（商標權人也被排除使用商標）。

商標法有關商標授權之規定

商標法第 39 條：

商標權人得就其註冊商標指定使用商品或服務之全部或一部指定地區為專屬或非專屬授權。

前項授權，非經商標專責機關登記者，不得對抗第三人。

授權登記後，商標權移轉者，其授權契約對受讓人仍繼續存在。

非專屬授權登記後，商標權人再為專屬授權登記者，在先之非專屬授權登記不受影響。

專屬被授權人在被授權範圍內，排除商標權人及第三人使用註冊商標。

商標權受侵害時，於專屬授權範圍內，專屬被授權人得以自己名義行使權利。但契約另有約定者，從其約定。

商標法第 40 條：

專屬被授權人得於被授權範圍內，再授權他人使用。但契約另有約定者，從其約定。

非專屬被授權人非經商標權人或專屬被授權人同意，不得再授權他人使用。

再授權，非經商標專責機關登記者，不得對抗第三人。

企業合作與商標授權

企業除自己使用註冊商標之外，亦可授權他人使用，皆構成商標使用。品牌企業征戰於各地市場時，尤需與個別目標市場的當地人士及企業合作（可能採取**經銷、代理或加盟**方式），他們就是品牌本尊的眾多分身，必須透過契約進行商標授權與品牌管理，以維持分身與本尊的同一水準。

品牌企業與合作廠商訂立的契約中，除了會約定商品定價、數量、訂單、運送、付款、退換貨、品質保證、瑕疵處理等有關商品買賣的條件之外，還會用很大的篇幅規範商標授權與管理，目的就是在確保商品與品牌緊密結合，期使品牌能增加商品來源的識別性、擔保商品品質，並維持品牌企業的商譽。

商品經銷與商標授權

品牌企業在世界市場攻城掠地，除了成立分公司、子公司隸屬於母公司以直接控制或與當地企業合資外，多會與**經銷商 (Distributor)** 或**代理商 (Agent)** 合作，兩者皆與品牌企業有定期合作關係，在目標市場進行商品的行銷宣傳及售後服務，但兩者存有基本的不同。

經銷商係賺取商品的**轉售差價**，向品牌企業購入商品取得所有權後，再以自己名義對外銷售，必須負擔商品無法轉銷出去的風險。至於代理商，無論係以品牌企業名義或自己名義銷售商品，均不需負擔商品未能順利銷售出去的風險，商品銷售的利益與滯銷的風險皆由品牌企業承受，代理商主要是藉由協助銷售而自品牌企業獲得**佣金利益**。實務上常將經銷與代理混淆使用，名為「代理商」實為「經銷商」，而兩者最簡明的區分方式是看該合作廠商主要的獲利來源到底是商品轉賣差價還是服務佣金。

經銷商為了要將商品行銷於目標市場，經銷商需要投入廣告、宣傳、建立經銷體系與銷售據點，因此有必要更進一步地使用商標。因此，經銷合約一般多會約定品牌企業授權經銷商於目標市場使用商標，依雙方合作模式，可能約定專屬授權或非專屬授權，經銷商就商標授權則須向主管機關辦理授權登記以對抗第三人。

品牌企業為確保經銷商正確使用商標，會特別約定許多限制如：

1. 使用商標於商品、包裝、廣告、招牌、店面等，應符合品牌公司制定的商標使用政策，且使用圖樣與方式應先經核准。
2. 使用商標應加註商標符號 ®（表示已取得商標註冊）或 TM

（表示作為商標使用），並為授權標示。

3.不得對商標進行修改或變更。

4.不得將授權商標使用於經銷商品以外的商品。

5.不得將授權商標與其他商標或標識混合使用。

6.不得以貶損商標方式使用之（如用於猥褻、色情、暴力或其他低俗、違法的場合）。

7.不得使用近似於授權商標的標識，而使消費者產生混淆誤認。

8.不得以相同或近似於授權商標之標識申請商標註冊。

9.經銷商需接受品牌企業對其商標使用的檢查。

經銷商除須正確使用授權商標外，對於第三人以相同或近似於授權商標方式行銷商品的侵權行為，應於發現後即時通知品牌企業，並協助品牌企業對侵權者採取法律救濟手段，以維護市場競爭秩序。

小心夥伴變成敵人

經銷商是品牌企業親密的夥伴，但商場情勢瞬息萬變，沒有永遠的敵人，也沒有永遠的朋友。**即便品牌企業與經銷商之間的合作關係再怎麼濃情蜜意，也**

可能會有分道揚鑣的一天，宜醜話說在前頭，預先安排以防患未然。

為了避免品牌企業與經銷商關係生變而受到不利影響，品牌企業宜預先規劃以下事項：

1. 品牌商品於目標市場的商標註冊應由品牌企業為申請人，再授權予經銷商。過去曾有經銷商以自己名義申請註冊商標，一旦雙方關係惡化，品牌企業在目標市場反倒無法使用該商標而受制於經銷商。
2. 禁止並防範經銷商以外文品牌之中文翻譯或近似名稱申請註冊商標。否則，當消費者習慣於品牌商標與該等翻譯或近似商標併存時，一旦雙方終止合約，經銷商還能以該翻譯或近似商標另起爐灶，與老東家競爭。
3. 確定經銷商在哪些區域是否有獨家銷售的權利。如果品牌企業授予經銷商在特定區域享有獨家銷售權，則應就不同區域銷售之商品做好市場區隔。但須注意，真品平行輸入或流通的商品原則上並無侵權的問題，除非流通業者使人誤認其與品牌企業具有一定的合作關係（如經銷、代理等）而可能違反公平交易法。

4. 確實管制與監督代工廠商就品牌商品之製造數量與流向，避免代工商品從其他管道流入市場（例如透過網拍），進而以低價方式與經銷商銷售之品牌商品進行競爭。
5. 確保合約終止後庫存品之處理。實務上常見經銷商於合約終止後，仍以授權商標繼續販賣庫存品，實有必要特別約定庫存品銷售之恩惠期，到期後應一律銷毀，不得繼續販賣。另外，就瑕疵品也應約定處理方式，避免打折後繼續販售，而損及品牌企業的商譽。

商標授權也需重視品質保證

企業經營能獲致成功的秘訣就是「**大量複製**」，不僅在生產上要能大量複製，在銷售面（包括銷售主體與商業模式）也要能大量複製。企業家難以複製，但店家則可以複製，透過直營、加盟、代理、經銷等商業機制，在同一品牌下開枝散葉，壯大規模。商業的本質其實就是複製，店家可以複製很多，但要能維持相同的優良品質，體現獨特的品牌價值，則有相當難度，這也凸顯品牌經營與品質維持的重要性。

當品牌企業征戰於各地市場時，需與個別目標市場的當地人士與企業合作，他們就是品牌本尊的眾多分身，透過有效的品牌管理，可以維持分身與本尊的同一水準，讓消費者看見品牌商標時，都能正確地認識到該商品系出名門，且產生品質保證的信賴。為達到這些目標，健全的商標授權管理是不可或缺的重要環節。為維持品牌價值與品質保證，商標權人得在授權契約中約定被授權人使用商標的商品項目及品質要求，且商標權人有權到被授權人的工廠或銷售地點進行查訪稽核，以確保商標並未被使用在劣質商品上。

商標制度其實蘊含**品質保證**。商標為品牌的法律保護，商標的功能即包括識別商品來源、行銷廣告以及品質保證。商標之申請有使公眾誤認誤信其商品品質之虞者，不得准予註冊，而商標實際使用時有致公眾誤認誤信其商品品質之虞者，亦構成廢止商標權的事由。品牌企業如授權他人或加盟商使用其商標，為確保品牌價值，多會訂定條款限制被授權人之使用以保障品質。此外，為維護及提升品牌形象，企業除了註冊商標之外，也可考慮取得「**證明標章**」。

證明標章

證明標章亦為商標法所提供的一種法律保護手段，係證明標章權人用以證明他人商品或服務之特定品質、精密度、原料、製造方法、產地或其他事項，並藉以與未經證明之商品或服務相區別之標識。像過去常見的食品標章 GMP 就是由經濟部工業局申請取得註冊的證明標章，針對符合食品良好作業規範 (GMP) 且取得認證的商品給予具有公信力的對外標示。不過由於過往發生塑化劑、食用油等食安事件有 GMP 認證產品的業者牽涉其中，而嚴重傷害 GMP 的形象，故 GMP 乃被政府廢止，改由民間機構台灣優良食品發展協會推出 **TQF 證明標章**所取代，以強化原料溯源及產品稽核等工作，期能以更周延、更具公信力的方式提供民眾對食品安全的信心。

▲ TQF 證明標章

6-3 商標的維權管理

商標的維權管理其目的是要維護商標的權利，除了針對他人侵害商標權的行為追究其法律責任之外，也包括針對他人不當的商標註冊申請撤銷，以及就著名商標遭他人侵害之救濟。

商標權侵害的處理

註冊商標享有商標權法的保護。未得商標權人同意，而於同一商品使用相同於註冊商標之商標者、或是於類似之商品使用相同於註冊商標之商標，有致相關消費者混淆誤認之虞者、或是於同一或類似之商品，使用近似於註冊商標之商標，有致相關消費者混淆誤認之虞者，均為侵害商標權，而須依商標法負擔**民刑事責任**。

商標法之主要民刑事責任規定

A.民事責任：

商標法第 68 條：

未得商標權人同意，有下列情形之一，為侵害商標權：

1. 於同一商品或服務，使用相同於註冊商標之商標者。
2. 於類似之商品或服務，使用相同於註冊商標之商標，有致相關消費者混淆誤認之虞者。
3. 於同一或類似之商品或服務，使用近似於註冊商標之商標，有致相關消費者混淆誤認之虞者。

為供自己或他人用於與註冊商標同一或類似之商品或服務，未得商標權人同意，為行銷目的而製造、販賣、持有、陳列、輸出或輸入附有相同或近似於註冊商標之標籤、吊牌、包裝容器或與服務有關之物品者，亦為侵害商標權。

商標法第69條：

商標權人對於侵害其商標權者，得請求除去之；有侵害之虞者，得請求防止之。

商標權人依前項規定為請求時，得請求銷毀侵害商標權之物品及從事侵害行為之原料或器具。但法院審酌侵害之程度及第三人利益後，得為其他必要之處置。

商標權人對於因故意或過失侵害其商標權者，得請求損害賠償。

前項之損害賠償請求權，自請求權人知有損害及賠償義務人時起，2 年間不行使而消滅；自有侵權行為時起，逾 10 年者亦同。

商標法第 71 條：

商標權人請求損害賠償時，得就下列各款擇一計算其損害：

1. 依民法第 216 條規定。但不能提供證據方法以證明其損害時，商標權人得就其使用註冊商標通常所可獲得之利益，減除受侵害後使用同一商標所得之利益，以其差額為所受損害。
2. 依侵害商標權行為所得之利益；於侵害商標權者不能就其成本或必要費用舉證時，以銷售該項商品全部收入為所得利益。
3. 就查獲侵害商標權商品之零售單價 1 千 5 百倍以下之金額。但所查獲商品超過 1 千 5 百件時，以其總價定賠償金額。
4. 以相當於商標權人授權他人使用所得收取之權利金數額為其損害。

前項賠償金額顯不相當者，法院得予酌減之。

B. 刑事責任：

商標法第95條：

未得商標權人或團體商標權人同意，有下列情形之一，處3年以下有期徒刑、拘役或科或併科新台幣20萬元以下罰金：

1. 於同一商品或服務，使用相同於註冊商標或團體商標之商標者。
2. 於類似之商品或服務，使用相同於註冊商標或團體商標之商標，有致相關消費者混淆誤認之虞者。
3. 於同一或類似之商品或服務，使用近似於註冊商標或團體商標之商標，有致相關消費者混淆誤認之虞者。

意圖供自己或他人用於與註冊商標或團體商標同一商品或服務，未得商標權人或團體商標權人同意，為行銷目的而製造、販賣、持有、陳列、輸出或輸入附有相同或近似於註冊商標或團體商標之標籤、吊牌、包裝容器或與服務有關之物品者，處1年以下有期徒刑、拘役或科或併科新台幣5萬元以下罰金。

前項之行為透過電子媒體或網路方式為之者，亦同。

LV 仿冒與代工案

名牌包的仿冒案件時有所聞，以 LV 商標遭侵害的某件案例可略知司法實務概況。該案法院判決認定：某甲係 A 公司之負責人，明知 LV 之商標圖樣業經核准註冊，指定使用於手提包、皮革等商品。詎其仍在明知而未取得系爭商標權人同意或授權使用之情形，基於侵害他人商標權之犯意，接受 B 公司負責人某乙之委託，以每個 50 元之代價，在 A 公司工廠內，使用類似於系爭商標圖樣之仿冒商標皮革，製造品名為「DVD 拉鍊包」、「盥洗包」 等仿冒商標之皮包類商品，致相關消費者有混淆誤認之虞。嗣經警方在 A 公司內依法搜索，查獲扣案之仿冒系爭商標包包製品 3 個、仿冒系爭商標皮革 2 張等物品，乃遭判定構成商標法第 95 條第 3 款之侵害商標權罪(參見智慧財產法院 101 年度刑智上易字第 68 號刑事判決)。

我國是代工王國，代工後之商品可能銷售於我國市場，亦可能銷售（回銷）至他國市場。值得注意的是，依智慧財產局在《商標答客問》之見解，關於代工製造商經外國取得商標權廠商的委託，在我國進行商品代工並貼上商標後直接運往委託人所屬國家或其指定的其他國家或地區的情形，此類委託製造商品回銷的情形，因代工製造商僅有製造行為，即於生產後將商品全數運往委託人約定的國家或其指定的其他國家或地區，並無以行銷目的標示他人註冊商標來表彰自己所經營商品的意思，非屬商標法第 5 條所規定商標使用的行為，故未侵害我國商標權人的商標權。但若受託製造商於製造後，違約將專供外銷商品流入我國市場，則可能對在我國註冊商標權人的商標權構成侵害。

對於他人未經同意使用相同或近似的註冊商標，商標權人**得追究其民刑事法律責任**。由於提起訴訟勞民傷財，一般會先禮後兵，亦即先寄發**敬告函**（措辭和緩，提醒避免侵權）或**警告函**（語氣嚴正，具體指明侵權事實，如不改正則將採取法律行動）。**形式上可採企業公函或存證信函方式，另為升高警告層級，可委請律師寄發律師函**。發函除用於啟動商業談判之外，也有助於將來訴訟時主張侵權者明知故犯，因為已先發函警告，侵權者卻不予理會依然故我。另須注意，發函不能作為惡意打擊競爭對手的手段，以免違反公平交易法。如協商不成而對簿公堂，商標權人固然可以主張民事侵權責任，但一般會先提起刑事告訴，也就是「以刑逼民」，在刑事制裁的壓力下，侵權行為人比較願意達成民事和解，而得以有效解決紛爭。

混淆誤認之虞的判斷

商標利益的保障有許多層面，包括**避免混淆誤認**、**減損識別性或信譽**、以及**攀附商譽**。商標法主要保護的是避免混淆誤認，也就是避免消費者對於商品來源的同一性產生混淆誤認，如誤認二商標為同一商標，或雖不會誤認二商標為同一商標，但極有可能誤認二商標之商品為同一來源之系列商品，或誤認二商標之使用人間存在關係企業、授權關係、加盟關係或其他類似關係。至於減損識別性或信譽、以及攀附商譽，主要係針對著名商標提供的保護，可透過商標法以公平交易法尋求救濟。

關於混淆誤認的詳細介紹，可參智慧財產局制定之「**混淆誤認之虞審查基準**」。商標法諸多條文將混淆誤認之虞與商標近似及商品類似併列，然而真正形成商標衝突的最主要原因，也是最終的衡量標準，乃在於相關消費者是否會對商品來源產生混淆誤認的可能。原則上，二商標相同且指定使用於同一商品者，應推定有構成混淆誤認之虞。但二商標不相同，而指定使用於同一或類似之商品者，則應考量商標的近似程度及商品的類似程度，進一步判斷有無構成「混淆誤認之虞」。

關於如何判斷二商標間有無混淆誤認之虞，智慧財產局經綜合參酌國內外案例所提及之相關因素，整理出下列 8 項參考之因素：

1. 商標識別性之強弱。
2. 商標是否近似暨其近似之程度。
3. 商品／服務是否類似暨其類似之程度。
4. 先權利人多角化經營之情形。
5. 實際混淆誤認之情事。
6. 相關消費者對各商標熟悉之程度。
7. 系爭商標之申請人是否善意。
8. 其他混淆誤認之因素。

申請撤銷不當的商標註冊

他人未經同意而使用相同或近似的註冊商標，固不足取，更機巧的是他人還申請商標註冊作為護身符。一旦挨告，則辯稱其是依取得的商標註冊而使用。對於這種智慧型的侵害手法，商標權人**除了追究侵權責任之外，還可申請智慧財產局撤銷其商標註冊**。因為依商標法第 30 條第 1 項第 10 款規定，相同或近似於他人同一或類似商品或服務之註冊商標或申請在先之商標，有致相關消費者混淆誤認之虞者，不得註冊。若已註冊，則商標權人得依商標法關於異議及評定的程序，申請智慧財產局撤銷該註冊商標。

商標異議程序是任何人均得於商標註冊公告日後 3 個月內就不應核准而准予註冊商標之案件向智慧財產局提出異議。商標評定制度則是由利害關係人或審查人員就不應核准而准予註冊商標之案件申請或提請智慧財產局評定，沒有 3 個月的時間限制。案件經異議成立或評定成立者，智慧財產局應撤銷其註冊。至於申請中尚在審查的商標，則可於審定前提出第三人意見書，供審查人員綜合參考評估。

商標監視

企業除應重視申請註冊商標以取得法律保護之外，亦需定期監視以維護權利。**定期監視**可分為兩個主要目的而有不同的取向。關於**針對他人侵害商標權的行為**者，需監視與企業註冊的商標相同或近似者在市場上的使用情形，以決定是否追究其法律責任；而**針對他人以相同或近似企業註冊的商標申請註冊**者，則是監視智慧財產局的商標資料庫，包括已註冊以及申請中商標的動態，以決定是否向智慧財產局提供意見或申請撤銷。

人工監視耗費時間人力，最好是能善用網路資源以及結合大數據與 AI 技術的輔助，以科技監視的方式對商標資料庫及市場的商標動態進行有效的監視，進而能分析商標近似的程度、混淆誤認的可能性、以及侵權者的規模與行為模式。商標監視可由企業內部的智財部門或外包給專利商標事務所負責。所謂「知己知彼，百戰百勝」，敵情資訊的蒐集是發動戰爭之前的基本準備工作，而商標監視則有助於品牌企業保護自身的商標權益及打擊不法的仿冒活動。

商標效力的限制

商標維權管理亦須注意商標權並非法力無邊，尚**受有限制**。如註冊商標並非作為行銷使用，而是作為描述性合理使用、指示性合理使用、發揮功能所必要、善意先使用或是**商標權耗盡**（參見商標法第 36 條），則非商標權效力所及。

我們比較熟知的「真品平行輸入」是屬於商標權耗盡的類型。真品平行輸入是指從國外進口商標權人合法授權的商品至我國，也就是俗稱的「水貨」。商標權耗盡是法律用語，是指**附有註冊商標之商品，由商標權人或經其同意之人於國內外市場上交易流通，商標權人不得就該商品主張商標權**。因商標權已於附有商標之商品首次於市場流通後而耗盡，以兼顧商標權人權益的保護與貨暢其流的市場經濟。真品平行輸入即是在國外市場交易流通而構成商標耗盡。因此企業跨國合作，採取代理或經銷模式以銷售品牌商品，對於平行輸入的商品並無法主張商標權。惟若是為防止商品流通於市場後，發生變質、受損，或有其他正當事由者，則仍得主張。

企業在市場上抓仿冒時，常見業者辯稱是真品平行輸入以卸責，對此抗辯尚有必要鑑定該所謂水貨是否屬於真品，也就是經過商標權人在國外同意流通的商品。另外對於業者提出商品來源之進貨證明書，也應進一步查驗該證明書之真偽以及該來源公司是否為合法授權商，以防杜藉由虛假交易圖謀免責的智慧型犯罪。

商標法有關商標效力限制之規定

商標法第 36 條：

下列情形，不受他人商標權之效力所拘束：

1. 以符合商業交易習慣之誠實信用方法，表示自己之姓名、名稱，或其商品或服務之名稱、形狀、品質、性質、特性、用途、產地或其他有關商品或服務本身之說明，非作為商標使用者。
2. 為發揮商品或服務功能所必要者。
3. 在他人商標註冊申請日前，善意使用相同或近似之商標於同一或類似之商品或服務者。但以原使用之商品或服務為限；商標權人並得要求其附加適當之區別標示。

附有註冊商標之商品，由商標權人或經其同意之人於國內外市場上交易流通，商標權人不得就該商品主張商標權。但為防止商品流通於市場後，發生變質、受損，或有其他正當事由者，不在此限。

商標法第 36 條第 1 項第 1 款所述以符合商業交易習慣之誠實信用方法使用，包括**描述性合理使用與指示性合理使用**。所謂「**描述性合理使用**」是指**以他人商標來描述自己商品的名稱、形狀、性質等說明，但並非作為行銷使用**，例如兒童玩具模型車上除有玩具廠商的商標之外，也有該款車廠的商標，該車廠商標可能會被主張是作為描述性使用，以表示這是一台該廠牌車款的玩具車。不過知名的玩具模型車業者（如 TOMICA）為求審慎起見，還是會取得車廠（如 TOYOTA）的商標授權。所謂「**指示性合理使用**」則是指**以他人商標指示他人商品來表示自己商品的名稱、形狀、性質等說明**，例如為強調自己商品的性價比而與其他品牌商品做比較廣告乃提及其他品牌的商標；零組件商品為表示與其他品牌商品具有相容性而提及該品牌商標；又或是提供某品牌商品的維修服務而提及該品牌商標，如修車廠的招牌顯示 BMW 以表示其可維修 BMW 的汽車，但不能讓人誤認為是 BMW 的經銷商或有其他合作關係。

主題標籤 (Hashtag) 是否構成商標權的合理使用

好的故事內容固然重要，但好的「標題」也不能忽視。雖然我們常會發現網路上有很多文章標題似乎言過其實或文標不符，但卻能吸引讀者點擊看內文。而在臉書、IG 等平台上傳播資訊，若能加上吸睛的標題（例如：「五倍券如何變成十倍券？」），則能讓別人很快就注意到並想點擊瀏覽其內容。

除了吸睛的標題外，使用主題標籤標記也是很常見的行銷手法，例如：#五倍券、#振興券、#加碼、#XX 店家等 。使用者點擊主題標籤或以該主題搜尋後，便能連接到該網路平台的一個整合頁面，可找到同樣附有該主題標籤的相關資訊，藉由「文以標集」發揮物以類聚的效果。

實務上關於主題標籤運用的司法爭議有兩大類，一是**主題標籤的關鍵字含有損害他人名譽的用語**；另一類是**將含有他人註冊商標置入自己的主題標籤的關鍵字之中**，是否構成商標使用與侵權，實務上有所爭議，尚無定論，以下以 2 個案例來簡單說明之：

1. QQBOW 電商案

某經營服飾銷售的電商業主，取得「QQBOW」的註冊商標以使用於服飾配件相關的商品與服務，並在臉書經營 QQBOW 粉絲團。該業主指控另一個電商業者在蝦皮購物網站標示「QQBOW 款」及以主題標籤標記「#QQBOW」等行為侵害其商標權。法院依相關事證認定被告以「QQBOW 款」等夾雜記載於被告經營之賣場名稱與服飾或鞋子詳細款式之間，僅係說明此項商品樣式與原告在 QQBOW 粉絲團銷售者為相同款式，屬於「描述性合理使用」，不為原告之商標權效力所及。此外，被告是以「#QQBOW」為主題標籤，可讓使用者藉由該標題連結到同一平台內標記有相同標籤的貼文，也不會連結到原告的臉書粉絲團等，在客觀上不足以使相關消費者認識其為商標，並非作為商標使用，自無侵害原告之商標權（參見智慧財產法院 108 年度民商訴字第 12 號、109 年度民商上字第 2 號民事判決）。

2. 青青男士理髮案

某經營「青青男士理髮」店的業主，取得「青青男士 CHING CHING」的註冊商標以使用於理髮相關服務。該業主指控其離職員工經營「青揚理髮店」卻在臉書與 IG 上之粉絲專頁張貼數篇替客人理髮照片的文章中，設置主題標籤標記「#青青男士理髮」字樣，讓消費者搜尋「青青男士理髮」時，附帶搜尋出「青揚男士理髮」相關訊息，而侵害其商標權。法院依相關事證認定被告乃基於行銷之目的而為系爭貼文及系爭標籤，使消費者混淆誤認被告經營之「青揚男士理髮」為「青青男士理髮」加盟店、分店或有合作關係，構成侵害商標權（參見台中地院 108 年度訴字第 2463 號民事判決）。

著名商標的維權

企業取得註冊商標後，除了要積極使用商標之外，還要努力推廣使其成為相關消費者所熟知的著名商標。著名商標有利於企業進行商品行銷，兼具廣告效果，且比一般商標享有更高的法律保護，不僅比較容易對使消費者產生混淆誤認之虞的商標進行撤銷與侵權的救濟，對於可能減損其識別性的商標，亦可依法採取救濟措施。

關於註冊商標，商標法的保護主要是避免消費者對於同一或類似之商品的商標使用發生混淆誤認。而對於著名的註冊商標，商標法第 70 條更**擴大保護**的範圍，將以下兩種情形視為侵害商標權，須負擔民事侵權責任：

1. 明知為他人著名之註冊商標，而使用相同或近似之商標，有致減損該商標之識別性或信譽之虞者。
2. 明知為他人著名之註冊商標，而以該著名商標中之文字作為自己公司、商號、團體、網域或其他表彰營業主體之名稱，有致相關消費者混淆誤認之虞或減損該商標之識別性或信譽之虞者。

著名商標遭他人作為公司名稱之案例

LV 名牌包為國人所熟知，「LOUIS VUITTON」、「路易威登」等均為經註冊之著名商標。實務上曾發生某丙為台灣路易斯威頓公司之負責人，未得商標權人同意而以該著名商標「LOUIS VUITTON」中文譯音相近之「路易斯威頓」作為台灣路易斯威頓公司之特取名稱，復於台灣路易斯威頓公司營業所在地之建物外牆上，架設使用相同或近似於 LV 名牌包商標圖樣之巨型招牌，**有致相關消費者混淆誤認之虞或減損該商標之識別性及信譽之虞**，依商標法第 70 條第 2 款規定，**視為侵害商標權**（參見智慧財產法院 103 年度民商訴字第 54 號民事判決）。

企業亦須有計畫地創造並保存商標已達著名程度的證據，以利於將來訴訟之主張。除了銷售使用資料之外，常見的證據為國內外報章、雜誌或媒體的廣告、引述以及評價資料。隨著社群網路興起，消費者更容易透過網路媒介對特定品牌表示意見以發揮評鑑功能，例如「Fashion Guide」時尚美容網站針對化妝品提供市調大隊與網友投票的商品評鑑機制。此外，企業亦可透過經營官方網站、向 Google 購買關鍵字廣告、與知名部落客合作，以及透過在臉書裡建立官方粉絲專頁，經常辦活動並與粉絲溝通，以提升品牌知名度。實務上常見業者在官方網站上特闢欄位張貼各類雜誌廣告對其品牌的宣傳介紹，以及消費者評鑑資料，除可強化知名品牌印象之外，亦有助於保存著名商標的證據。

另外就未經註冊之著名商標，雖然無法享有商標法上的權利，不過還是可以援引商標法第 30 條第 1 項第 11 款規定

（對於相同或近似於他人著名商標，有致相關公眾混淆誤認之虞，或有減損著名商標或標章之識別性或信譽之虞者，不得註冊）申請撤銷其註冊。此外，**未經註冊之著名商標尚可尋求公平交易法的保護。**

著名商標在公平交易法的保護

著名**商標若未在我國註冊，仍可受到公平交易法第 22 條、第 31 條的保護**，亦即**事業就其營業所提供之商品或服務，不得以著名之他人商標或其他表徵，於同一或類似之商品，為相同或近似之使用，致與他人商品混淆**，或販賣、運送、輸出或輸入使用該項表徵之商品。違反者須負擔公平交易法所規定之民事責任，如為事業之故意行為，得依侵害情節，酌定損害額以上之賠償。但不得超過已證明損害額之 3 倍。

未註冊但著名的商標亦可受到公平交易法第 25 條的保護，也就是**事業不得為其他足以影響交易秩序之欺罔或顯失公平之行為，違反者須負擔行政與民事責任**。依公平交易委員會對於該條案件所制定之處理原則，所謂顯失公平，係指以顯然有失公平之方法從事競爭或營業交易者，其行為類型之例示包括榨取他人努力成果，如：使用他事業名稱作為關鍵字廣告，或以使用他事業名稱為自身名稱、使用與他事業名稱、表徵或經營業務等相關之文字為自身營運宣傳等方式攀附他人商譽，使人誤認兩者屬同一來源或有一定關係，藉以推展自身商品或服務。

小結

企業發展品牌必須先做好**商標管理，包括商標註冊、授權及維權等面向**。企業在草創初期設計的商標，可能沒有長期的規劃，或者後來營運時才發現未能與企業精神或商品特色契合。不論如何，經過審慎檢討評估後就應適時地進行品牌重塑與再造，申請註冊更適合的商標。企業除自己使用註冊商標之外，也可授權他人使用，形成事業合作的夥伴關係，亦須重視商標授權利益及品牌價值的維護。此外，企業應持續監視商標註冊及使用情形，如發現他人對商標權的不法侵害，應積極主張權利以維護品牌利益及產業競爭秩序。

中場休息　咖啡時光

累了、煩了，我們會想要從被框住的空間逃離，找個地方躲起來，通常會是一家咖啡館。可以是連鎖知名品牌的星巴克、路易莎、Cama，也可以是獨立經營別有一番風味的咖啡館。如果不那麼計較，也可以在街上隨處可見的超商點杯咖啡帶著走，套句 CITY CAFÉ 的廣告台詞：「整個城市就是我的咖啡館」，一邊品嘗咖啡一邊探索城市裡發生的各種故事！

本書第一幕提到：**一書一世界，一茶一產業**。而從一杯咖啡也可看到一個世界與產業的發展。咖啡於 17 世紀初從阿拉伯世界傳到歐洲後，興起新的飲品文化與社交風潮，也就是人們喜歡到咖啡館喝咖啡聊是非，還可交換各種知識與資訊。相對於酒館賣的是麻醉腦袋的酒飲，咖啡館提供的則是讓人頭腦清醒的咖啡。許多文學、藝術、科學、哲學的發想就是從咖啡館裡的意見交流所激盪。咖啡讓人產生靈感，社交讓各種想法流動，回家後就可以天馬行空盡情創作。不僅如此，咖啡館也可促進商情交換與商業活動的發展，世界知名的保險業主「勞合社」(Lloyd's of London)，即是起源於 17 世紀末開在英國倫敦的一家咖啡館，那裡經常聚集許多船長、船主及商人邊喝咖啡邊交換商情，進而發展出保險業務，而那家咖啡館主人就叫做 Edward Lloyd！我們現在也會在咖啡館看到保險業務員跟客戶洽談保單事宜，可說是其來有自。

Lloyd 的咖啡館開設在泰晤士河附近，而法國巴黎塞納河左岸的咖啡館更是文人雅士聚集的聖地。從咖啡發想也可聊到品牌行銷！擔任過奧美廣告策略長的葉明桂在《品牌的技術與藝術》一書中揭露了統一企業歷久彌新的明星商品「左岸咖啡館」的品牌緣起。其實並不是因為真的有一家咖啡館叫左岸，原來早期的飲料大部分藉由利樂包賣出，消費者對此包材能接受的價格是每包 10 元，統一企業想提高產品售價，但要有能讓消費者認同的理由，除了將包材變成新潮的圓杯狀之外，葉明桂建議杯內可裝咖啡，因為咖啡相對於其他飲品比較容易受形象而左右定價，再透過品牌故事包裝這杯咖啡係來自於巴黎塞納河左岸某一間許多哲學家聚集的咖啡館。這也是**從消費者觀點來重新思考品牌的定位與行銷的手法，而溢價的部分就是消費者願意支付的無形價值**。

又如星巴克原本是賣咖啡豆起家，後來賣咖啡，但其實它不只賣咖啡，還賣舒適的空間、服務、氣氛以及品牌感受，帶給客戶所謂的「星巴克體驗」！咖啡豆從產地到市場的跨界之旅，除了勞力加工增值之外，更要靠來自消費者所接受與肯認的品牌溢價，才能讓一杯咖啡能夠賣到比一份午餐便當還貴。台積電創辦人張忠謀曾表示他很佩服星巴克的商業創新模式，能把一杯咖啡從 3、4 毛賣到 2.5 美金，賣給懂得享受生活的人。而企業也應該學習星巴克提供附加價值的創新，觸及到對產品或服務有品味的高端客戶。茶金之外，**咖啡也能變成黑金！**

咖啡館裡可以滋養許多故事與傳說。參與蔡明亮導演多部電影的演員陸弈靜，曾在景美開了一家名為「吟陸商號」的咖啡館，蔡導年輕時曾在那裡寫劇本。而以《傷心咖啡店之歌》一書走紅文壇的作家朱少麟，據傳也曾在「吟陸商號」進行創作。書中讓傷心的人流連忘返的咖啡館就是由幾位前同事於公司倒閉後所開設，女主角馬蒂在失去工作與愛情的沮喪迷途中偶然走進這家咖啡館，認識了那一群創業夥伴，一起追尋人生旅程的意義。咖啡館除可安慰受傷的心靈之外，也是文化交流與創作揮灑的好地方。位於武昌街的「明星咖啡館」曾經匯集許多藝文人士如白先勇、黃春明、林懷民等，有如塞納河畔的左岸咖啡館。而創作《那些年，我們一起追的女孩》與《等一個人咖啡》的九把刀則常去星巴克邊喝咖啡邊寫作。到底小小的一顆咖啡豆有什麼魔力，可以激發創作的靈感？也許正是因為咖啡豆在精心烘焙、研磨及沖煮之後產生種種化學反應所致，如同中世紀的鍊金術化腐朽為神奇，將平凡的豆子施以魔法而催生出文藝創作的新芽嫩枝。

許多藏身在巷弄的獨立咖啡館會附有館主私藏的圖書，馬克律師很喜歡到這類的咖啡館探險，除了可以喝到獨家調配烘焙的咖啡以及聽到老闆精選的背景音樂之外，還能讀到意想不到的書籍。有一次就在某家咖啡館看到《一代宗師（王家衛功夫美學限量珍藏版）》這本書，裡頭有香港名導王家衛在電影《一代宗師》裡的精采劇照以及耐人尋味的雋字片語，讓人回想起在電影院裡的武俠情節，果然是：「念念不忘，必有迴響」！

在咖啡館裡，伴著濃郁的咖啡香與自由流動的豆豆音符，也讓馬克進入書香裡的寫意畫面！王家衛在電影中提到武學的三個境界：「**見自己、見天地、見眾生**」，這三大境界也可以套用在品牌行銷理論與實務的演進，亦即從生產者觀點轉向消費者觀點，並更加重視消費者的需求、購買商品的成本與便利性，以及如何和消費者溝通。

品牌行銷商品不能只是「見自己」（強調自己的品牌商品有多好），還要「見天地」（隨時留意市場發展趨勢與百家爭鳴的商品特色，並因應數位網路的興起而開發線上線下互通的多種行銷管道），更要「見眾生」（利用大數據分析了解客戶，建立社群關係，提供商品體驗，開展無遠弗屆的口碑行銷，進而開發芸芸眾生的需求）！

如果企業在進行品牌行銷時，自以為是武林至尊，就像白雪公主中的壞皇后對著魔鏡只看得見自己的美好，拼命自吹自擂，恐流於孤芳自賞，消費者反而無法對品牌產生共鳴。務實的品牌行銷要了解自己的品牌價值，並能直接面對消費者，甚至要能跨越自己的本業與其他品牌互補合作，嘗試各種品牌行銷的可能。所以說行銷就像水一樣，能夠順應地形變化水流。武打明星李小龍的功夫底子硬是了得，卻也了解柔軟如水的巧勁，他告訴我們：**Be Water！**

星巴克傳奇執行長 Howard Schultz 回任執行長後堅持要尋回咖啡帶給客戶的「**星巴克體驗**」，再繼續勇往直前。誠然，人們在各個咖啡館都有不同的體驗。如果您帶著這本書正在某家咖啡館閱讀時，Take a break，再繼續看下去吧！

Chapter 7

商業行銷也應公平競爭

阿里巴巴「天貓雙 11 全球狂歡節」的活動屢創銷售高峰，台灣電商業者也順應潮流加入雙 11 的銷售行列，再加上百貨業者從 10 月到 12 月的週年慶，讓普羅大眾都沉浸在購物嘉年華中。現今商業發展進入新零售時代，強調線上與線下虛實整合，且利用科技優化銷售流程更能了解客戶，同時還會推出大折扣、加價購、抵用券、集點、贈品、贈獎等各種好康行銷的集客誘餌，讓業者能更精準地在茫茫人海中捕捉到目標客戶。然而各種行銷手法再怎樣出奇招吸睛（金），也應避免涉入不公平競爭。

7-1 淺談行銷活動及廣告在公平交易法的相關限制

國內實體百貨零售的市場競爭激烈，電商產業更是蓬勃發展，主要有 **B2C**、**B2B2C**、**C2C** 等三種商業模式。

B2C 模式如 PChome 購物、Yahoo 奇摩購物中心、momo 等，**電商平台扮演通路商的角色且負責倉儲控管等事宜，由消費者向電商平台下單購買商品**，電商平台具有相對高的掌控權。

B2B2C 模式如 PChome 商店街、Yahoo 奇摩超級商城等，**電商平台扮演居間媒合的角色，由供應商在電商平台上開店並綜理定價、倉儲、交貨等事宜。**

C2C 模式則如露天拍賣、Yahoo 奇摩拍賣等，**電商平台也是扮演居間媒合的角色，供應者主要為一般個人賣家。**

有些業者會發展多種電商平台模式，如 PChome、Yahoo 奇摩等，而 momo 除經營網路購物之外，也兼營電視購物、型錄郵購。後起之秀的電商平台如創業家兄弟經營生活市集，松果購物則搶攻居家生活相關用品，並以量大折扣多的團購精神為特色，讓消費者也兼任推銷員，把親友同事統統拉進來，一起買更便宜。至於外來的蝦皮市一加入戰局即大打補貼戰，更是把國內電商市場殺成一片紅海！

好康行銷應避免不公平競爭

零售業者或電商業者為了促銷商品常會推出多種優惠活動，例如滿千折百、抵用券、集點、贈品、贈獎等集客方案，但應避免發生不實廣告或不當贈品贈獎而違反公平交易法。

實務上常見不實廣告的促銷手法而遭公平交易委員會處罰，如：廣告宣稱價格優惠，但所示商品之「原價」、「市價」等基準價格屬虛偽不實或引人錯誤（案號：公處字第 101108 號）；廣告表示消費一定數額得獲嗣後交易優惠之抵用券、折價券等，就抵用券、折價券等使用方式、期間、範圍等限制未予明示，致消費者就其價值產生錯誤認知之虞（案號：公處字第 098047 號、公處字第 107016 號）；又若是業者銷售商品所提供的贈品與廣告宣稱不符者，也會構成不實廣告（案號：公處字第 100091 號、公處字第 100159 號等）。

公平交易法有關不實廣告之規定

公平交易法第 21 條：

事業不得在商品或廣告上，或以其他使公眾得知之方法，對於與商品相關而足以影響交易決定之事項，為虛偽不實或引人錯誤之表示或表徵。

前項所定與商品相關而足以影響交易決定之事項，包括商品之價格、數量、品質、內容、製造方法、製造日期、有效期限、使用方法、用途、原產地、製造者、製造地、加工者、加工地，及其他具有招徠效果之相關事項。

事業對於載有前項虛偽不實或引人錯誤表示之商品，不得販賣、運送、輸出或輸入。

前三項規定，於事業之服務準用之。

廣告代理業在明知或可得而知情形下，仍製作或設計有引人錯誤之廣告，與廣告主負連帶損害賠償責任。廣告媒體業在明知或可得而知其所傳播或刊載之廣告有引人錯誤之虞，仍予傳播或刊載，亦與廣告主負連帶損害賠償責任。廣告薦證者明知或可得而知其所從事之薦證有引人錯誤之虞，而仍為薦證者，與廣告主負連帶損害賠償責任。但廣告薦證者非屬知名公眾人物、專業人士或機構，僅於受廣告主報酬 10 倍之範圍內，與廣告主負連帶損害賠償責任。

前項所稱廣告薦證者，指廣告主以外，於廣告中反映其對商品或服務之意見、信賴、發現或親身體驗結果之人或機構。

贈品贈獎為好康行銷的主要手法，但公平交易法**禁止不當的贈品贈獎**。依公平交易委員會所訂定之「事業提供贈品贈獎額度辦法」，有關業者銷售商品附送贈品，其**贈品價值上限為：商品價值在 1 百元以上者，為商品或服務價值之二分之一**。至於贈獎，其全年贈獎總額之上限係以上一會計年度之銷售金額來決定，如業者上一會計年度之銷售金額在 7 億

5 千萬元以下者，其限度為 1 億 5 千萬元。

公平交易法有關不當提供贈品贈獎之規定

> **公平交易法第 23 條：**
>
> 事業不得以不當提供贈品、贈獎之方法，爭取交易之機會。
>
> 前項贈品、贈獎之範圍、不當提供之額度及其他相關事項之辦法，由主管機關定之。

網路廣告也應遵守公平競爭相關規範

廣告是商業行銷的主要方式，隨著網路瀏覽成為民眾日常生活慣例後，網路廣告也變成行銷主流。商家除了在自家官網提供產品訊息與相關廣告外，也會在線上商場、社群網站等虛擬空間刊登廣告，或是與搜尋引擎業者合作關鍵字廣告方案。亦有商家聘請寫手、網軍，甚至是名人、網紅等，透過文字、影像、直播等方式來推薦商品，例如找網路紅人蔡阿嘎、理科太太等加持推廣，這些都可說是薦證廣告。

網路廣告吸睛也吸金，做得好有助於商品銷售，但廣告若有虛偽不實或引人錯誤的情形，可能會構成**刑事詐欺**或是**特定產業如食品醫療的行政法規**，也可能會因**涉及不公平競爭而違反公平交易法**。

公平交易法第 21 條規範不實廣告，亦即事業不得在商品（服務亦同）或廣告、或以其他使公眾得知之方法，對於與商品相關而足以影響交易決定之事項，為虛偽不實或引人錯誤之表示或表徵。所謂虛偽不實，係**指廣告與事實不符，其差異難為一般或相關大眾所接受，而有引起錯誤之認知或決定之虞者**。所謂引人錯誤，則係指**廣告不論是否與事實相符，而有引起一般或相關大眾錯誤之認知或決定之虞者**。

判斷虛偽不實或引人錯誤之廣告應考量因素

依「公平交易委員會對於公平交易法第 21 條案件之處理原則」的規定，判斷虛偽不實或引人錯誤之廣告應考量因素如下：

1. 廣告應以相關交易相對人普通注意力之認知，判斷有無虛偽不實或引人錯誤之情事。
2. 廣告內容以對比或特別顯著方式為之，而其特別顯著之主要部分易形成消費者決定是否交易之主要因素者，得就該特別顯著之主要部分單獨加以觀察而判定。

3. 廣告隔離觀察雖為真實，然合併觀察之整體印象及效果，有引起相關交易相對人錯誤認知或決定之虞者，即屬引人錯誤。
4. 廣告有關之重要交易資訊內容於版面排版、位置及字體大小顯不成比例者，有引起相關交易相對人錯誤認知或決定之虞。
5. 廣告有關之負擔或限制條件未充分揭示者，有引起相關交易相對人錯誤認知或決定之虞。
6. 廣告客觀上具有多重合理的解釋時，其中一義為真者，即無不實。但其引人錯誤之意圖明顯者，不在此限。
7. 廣告與實際狀況之差異程度。
8. 廣告之內容是否足以影響具有普通知識經驗之相關交易相對人為合理判斷並作成交易決定。
9. 廣告之內容對於競爭之事業及交易相對人經濟利益之影響。

至於網路廣告，係指**事業為銷售其商品或服務，以網際網路為媒介，提供商品或服務之相關資訊，以招徠交易機會之傳播行為**。業者在官方網站或其他網路媒體刊登廣告即為廣告主，如果是由供貨商與網站經營者共同合作完成之購物網站廣告，其提供商品或服務資訊之供貨商，及以自身名義對外刊播並從事銷售之網站經營者，均為該網路廣告之廣告主。國內多家線上購物網站上曾發生廣告不實案件，公平交易委員會除處罰供貨商之外，也會一併處罰購物網站經營者（參見案號：公處字第 110076 號、第 105102 號、第 105096 號）。

由於網路廣告是網路行銷最常見的類型，公平交易委員會乃特別制定對於網路廣告案件之處理原則，包括廣告刊播應遵守**真實表示原則**，如有錯誤即應遵守**及時更正原則**。例如某購物網站銷售機車鼓煞商品，刊載市價 73,000 元，促銷價 54,500 元，卻無法提出該商品有以該市價銷售之紀錄而構成廣告不實（案號：公處字第 106111 號）。

此外。廣告亦須遵守**限制條件充分揭示原則**，也就是事業刊播網路廣告，對於足以影響消費者交易決定之限制條件應充分揭示，**避免以不當版面編排及呈現方式，致消費者難以認知限制條件內容，而有產生錯誤認知或決定之虞**。例如某百貨公司為推廣週年慶，舉辦「信用卡刷卡滿額禮」活動，惟未於網站及廣告揭露該活動消費範圍排除百貨影城及特定專櫃之限制而構成不實廣告（案號：公處字第 103028 號）。

網路廣告常見禁止事項

綜合公平交易法之相關規範及實務常見違法類型，網路廣告不得有下列虛偽不實或引人錯誤之表示或表徵：

1. 廣告所示價格、數量、品質、內容及其他相關交易資訊等與事實不符。
2. 廣告內容及交易條件發生變動或錯誤須更正時，未充分且即時揭露，而僅使用詳見店面公告或電話洽詢等方式替代。
3. 廣告就相關優惠內容或贈品贈獎之提供附有條件，但未給予消費者成就該條件之機會或方式。
4. 廣告就重要交易資訊及相關限制條件，未予明示或雖有登載，但因編排不當，致引人錯誤。
5. 廣告宣稱線上付款服務具保密機制，但與實際情形不符。

6. 廣告就網路抽獎活動之時間、採用方式、型態等限制，未予以明示。
7. 廣告內容提供他網站超連結，致消費者就其商品或服務之品質、內容或來源等產生錯誤之認知或決定。
8. 廣告提供網路禮券、買一送一、下載折價優惠券等優惠活動，但未明示相關使用條件、負擔或期間等。

此外，網路廣告常會就所提供商品之特定項目與他事業進行比較，以增進其交易機會。廣告主除就己身與他事業商品之表示須確保廣告內容與實際相符以免構成不實廣告之外，亦不得為競爭之目的陳述或散布不實之情事，致對他事業營業信譽產生貶損之比較結果，以免構成**營業誹謗**。

公平交易法有關營業誹謗之規定

公平交易法第 24 條：

事業不得為競爭之目的，而陳述或散布足以損害他人營業信譽之不實情事。

行銷廣告的遊戲規則

業者從事行銷活動實應遵守遊戲規則，特別是公平交易法中關於不公平競爭的規範，包括不實廣告、仿冒、不當贈品贈獎、營業誹謗、及其他欺罔或顯失公平的行為。例如有業者在購物網站上販賣防疫級空氣淨化清潔機，並宣稱衛生署唯一防疫商品推薦卻非真實而構成不實廣告（案號：公處字第 105116 號）。某電訊公司在官網及廣告上推出辦光纖送有線電視促銷方案，贈品價值過高而構成不當贈品（案號：公處字第 104036 號）。也有業者在網站宣稱競爭對手之商品為仿製品，卻與事實不符而構成營業誹謗（案號：公處字第 102107 號）。還有某線上遊戲公司使用競爭對手之遊戲平台及遊戲名稱作為關鍵字廣告，卻推銷自家遊戲服務而構成足以影響交易秩序之顯失公平行為 （案號 ： 公處字第 105098 號）。

公平交易法有關不公平競爭共通的行政處罰之規定

公平交易法第 42 條：

主管機關對於違反第 21 條、第 23 條至第 25 條規定之事業，得限期令停止、改正其行為或採取必要更正措施，並得處新台幣 5 萬元以上 2 千 5 百萬元以下罰鍰；屆期仍不停止、改正其行為或未採取必要更正措施者，得繼續限期令停止、改正其行為或採取必要更正措施，並按次處新台幣 10 萬元以上 5 千萬元以下罰鍰，至停止、改正其行為或採取必要更正措施為止。

不當行銷的經典案例

1. 關鍵字廣告

網路上常見的一種廣告手法是向搜尋引擎業者如 Google 購買關鍵字廣告服務，由廣告主透過行銷公司提供幾組關鍵字給搜尋引擎業者，於使用者搜尋該等關鍵字時，可出現廣告主事業相關商品或服務的資訊。實務上有廣告主竟以競爭對手的公司名稱或商標作為關鍵字，以增加自己的交易機會。此舉雖不構成不實廣告，卻涉犯榨取他人努力成果的顯失公平行為。

依公平交易法第 25 條規定：「除本法另有規定者外，事業亦不得為其他足以影響交易秩序之欺罔或顯失公平之行為。」所謂「**顯失公平**」，係指**以顯然有失公平之方法從事競**

爭或營業交易者，包括：榨取他人努力成果，其案例類型之一即為用他事業名稱作為關鍵字廣告。例如某健身公司委託廣告代理商在 Google 網站購買競爭對手的營業表徵之關鍵字廣告，其搜尋結果之頁面呈現：「不用再找統一健身俱樂部 World Gym 7 天會員體驗，獨家健身器材　每週開課數十堂，立刻加入動起來」等文字加上某健身公司的網站連結。對此關鍵字廣告行銷方式，公平交易委員會以違反公平交易法第 25 條規定處某健身公司 30 萬元罰鍰（案號：公處字第 104079 號），其理由主要為上開關鍵字廣告手法將使交易相對人棄競爭對手而選擇參加某健身公司，使競爭對手蒙受潛在客戶流失之虞，榨取他人努力成果，構成足以影響交易秩序之顯失公平行為。

又如某電信公司於 Google 網站購買競爭對手的關鍵字廣告，呈現「獨家【台灣大哥大】　月租費限時半價」等內容，下方另標示「tstartel.com」，即某電信公司之網站網址，為足以影響交易秩序之顯失公平行為，而遭公平交易委員會開罰 60 萬元（案號：公處字第 105064 號）。

2.飢餓行銷

實務上亦常見業者以**限時限量的飢餓行銷手法**，遊走在法律邊緣，如有越線則會觸法。例如某手機品牌透過其臉書及官網就新上市之紅米手機發動三波限時限量搶購之飢餓行銷，旋即刊載「9 分 50 秒紅米手機已售罄」、「1 分 08 秒紅米手機已售罄」及「0 分 25 秒紅米手機已售罄」之廣告，惟經公平交易委員會於 2014 年 7 月以違反公平交易法第 21 條規定而處以 60 萬元罰鍰（案號：公處字第 103097 號），其理由主要為公平交易委員會調查後發現某手機品牌於宣稱之時間點所接受之搶購資格數之外，其實尚有紅米手機搶購資格，卻未釋放供消費者搶購，反而逕自結束搶購活動，已與廣告所示不符，且在銷售過程中部分購買資格數被保留給贈送紅米手機 F 碼的專案，排擠消費者搶購機會，顯係就商品之數量為虛偽不實及引人錯誤之廣告。

又如某電子票證公司於 2015 年 8 月 31 日於其網站公告自同年 9 月 1 日凌晨開始就 15,000 套波多野結衣悠遊卡，僅接受民眾電話預購，後宣稱在 4 小時 18 分鐘之內售罄，惟某電子票證公司實際供電話預購之數量僅 12,000 套，活動最終實際銷售套數為 11,980 套，其餘數量除以「公司員購」或「公關目的之預購」銷售外，尚有以公關名義對外發送。公平交易委員會以某電子票證公司上開飢餓行銷手法就商品之數量為虛偽不實及引人錯誤之表示，裁處 50 萬元罰鍰（案號：公處字第 105014 號）。

3. 衛生紙之亂

日常生活中民眾不可或缺且隨處可見的衛生紙，曾經在2018年2、3月時因漲價風聲傳出，而引發民眾搶購的亂象，連國外重量級媒體紐約時報與BBC等都跟風報導「台灣紙貴」的亂象，而受到羊群效應（即所謂的從眾效應）影響的民眾前往賣場瘋狂掃貨的畫面則讓人啼笑皆非。面對這波被戲稱為「衛生紙之亂」甚至「安屎之亂」的全民運動，主管機關不能以為衛生紙無足輕重而等閒視之，以免一發不可收拾而衍生萬物齊漲的連鎖效應。

公平交易委員會以某量販店發布衛生紙漲價之不實訊息進行促銷行為，誤導消費大眾，引發衛生紙商品突發性供需失調，為足以影響交易秩序之欺罔行為，違反公平交易法第25條規定，處350萬元罰鍰。公平交易委員會表示：某量販店的新聞訊息內文所稱「叫得出名字」的品牌衛生紙、「漲幅還不是1%、3%而已，而是高達10%至30%間」、「調漲時間點最快落在3月中旬，最慢4月前必漲」等語，惟上游衛生紙製造商均未與某量販店完成價格協商，所稱之確定調漲時點、調漲幅度區間均未有所憑，某量販店自始無法提供確定漲幅3成之佐證資料以實其說，經比對某量販店與上游衛生紙供應業者所提事證，某量販店以誤導消費者之不實訊息進行促銷行為，至臻明確。而依據業界交易習慣，過年後為衛生紙銷售淡季，本次造成搶購風潮實有別以往，某量販店以發布上游製造商確定漲價之未經證實訊息作為促銷手段，破壞正常競爭機制，尤其自某量販店發布訊息後造成搶購，數日內引發市場突發性衛生紙市場供需失衡，通路業者為此亦緊急採用預購措施，並接獲大量客訴等，均為交易成本之增加；加以在市場需求突然增加之際，因存貨周轉未能及時，亦造成上游衛生紙製造商生產成本增加。既而，消費者因正常消費行為受到干擾，亦耗費時間、交通費用等成本。此舉造成製造商、競爭同業及消費者所衍生出額外成本的增加或不利益，實為嚴重影響交易秩序之行為（案號：公處字第107014號）。

行銷上的快思慢想

依行為經濟學及心理學的「**快思慢想**」**理論**，人類的決策模式有系統一的直覺快思，以及系統二的理性慢想。從理性慢想的角度來看，衛生紙的價格便宜，再怎樣漲價，也比不上為了搶購而花費的交通與時間成本，而且衛生紙大量採購囤積在家裡相當占空間，其實是浪費高房價的坪效。為了節省小成本，反倒支出高代價，並不符合成本效益分析。但從直覺快思的觀點來說，一般人很容易受到媒體訊息影響，聽到漲價預告，就想趕快撿便宜怕吃虧，看到別人一窩蜂在搶購，就跟著一起瘋，也算是一種趕流行。特別是單價相對小的商品，如果引起風潮，更容易有搶購的現象，對於被低薪與高房價壓得喘不過氣的普羅大眾來說，這種苦中作樂的小確幸其實是一種悲哀。

民眾快思勝過慢想的現象也容易被業者利用，實務上常見**病毒行銷**的手法讓民眾從各種傳銷渠道一再接收到行銷訊息，還會透過社群媒體轉發好友「大家一起來」。而貨架淨空與補貨告示的現場照片也是一種飢餓行銷，讓民眾產生買不到的恐慌心理而趕緊跟進「愛買不落人後」。行銷訊息的提供就是資訊經濟學中「貼標籤」與「放消息」的靈活運用。商業行銷手法層出不窮，常遊走於法律邊緣，廠商考量業績翻紅的高額利益相較於遭受處罰的金額與機率，經過理性慢想的精心計算，有的還是會鋌而走險不當行銷，畢竟把罰鍰當作營業成本都還划算。

綜上，零售業造勢出來的購物嘉年華已成為全民運動，好康行銷同時亦應避免以不實廣告或不當贈品贈獎等手法而構成不公平競爭。此外，網路廣告已成為商家行銷主流方式，具有吸睛也吸金的效果，惟仍應遵守公平競爭的市場遊戲規則，不能有虛偽不實或引人錯誤等情形，應致力於讓民眾購物能買好、買滿又買得安心！

7-2 是口碑推薦還是隱藏業配？

現今消費者購買商品前，常常是先看到朋友或部落客在社群網站上的推薦後，再以關鍵字搜尋相關網站、部落格或論壇貼文，幾經評估之後才作出購買的決定，這便是所謂的「**口碑行銷**」。由於網路上發現關於特定品牌商品的詢問文、開箱文、心得文、評論文等，可能是消費者使用商品後基於「好東西要和好朋友分享」的心態而抒發的感想，也可能是業者提供酬金或其他代價給寫手推銷商品的廣告（也就是俗稱的「業配」）。就後者而言，若未在文章醒目處標示為廣告或揭露寫手與業者的合作關係，易使消費者誤認其係一般性消費者評估而作為交易決定的參考，此將產生類似節目或新聞廣告化的「置入性行銷」現象，致其合法性迭有爭議，某手機品牌所涉及的「寫手門」事件即為一例。

網路上的口碑行銷

實務上常見業者為推廣品牌投入大筆行銷預算，主要可分為二類行銷模式。一是**傳統的「由上而下」模式**，亦即透過電視、報紙、雜誌等主流媒體刊登動態或靜態的廣告，將商品訊息傳播給消費者，其優點是可於短時間內接觸到大多數群眾，缺點是廣告預算龐大，且因為消費者對於來自品牌業者的廣告難免存有「老王賣瓜，自賣自誇」的偏見，不容易被說服。

另一類則是**「由下而上」的模式**，透過消費者口耳相傳「一傳十，十傳百」的口碑行銷，發揮如同病毒感染般的全境擴散效應。隨著 Web 2.0 的興起，**使用者產生內容 (UGC, User Generated Content)** 的形態越來越多，如網站回應、PTT 論壇分享、部落格及 YouTube 百家爭鳴等，口碑行銷更是成為新興的主流行銷模式。輔以搜尋引擎與關鍵字廣告的聚焦動力，以及社群網站與 App 的推波助瀾，名家與素人的推文、貼圖以及朋友按讚，更容易讓消費者對商品產生信賴而激起購買欲望與行動，此類「由下而上」的行銷費用相較於傳統「由上而下」的模式較為低廉，甚至可能因在網路上造成流行，再經新聞媒體二手轉載而發揮更大的傳播影響力。

業者為進行網路行銷多會委託行銷公司協助辦理，除常見的官網建置、活動企劃、入口網站廣告、關鍵字廣告等之外，亦會包括口碑行銷，由行銷公司指揮其員工或對外洽請部落客，或其他專業及業餘寫手撰寫口碑文，同時透過社群網站、論壇討論版、部落格等管道將廣告資訊散布給公眾。

某手機品牌之寫手門事件

2013 年 4 月間爆發的某手機品牌「寫手門」事件，引起軒然大波。本案經公平交易委員會調查半年多，於 10 月 24 日宣布重罰某手機品牌 1 千萬元，其委託行銷的公司也遭到處罰，並命立即停止違法行為（案號：公處字第 102184 號）。

依公平交易委員會調查認定，本案行銷手法包括大量聘請寫手（學生、記者、員工、專案合作、部落客等），以及指定公司員工以個人申請帳號或公司提供公用帳號，於網路上以一般人身分發言，在 Mobile 01 等討論平台發言回文行銷該手機品牌商品，發言類型包括新商品上市評測、消毒該品牌商品負面消息、比較競品及突顯競品缺點，發文形式則包含分享促銷訊息的資訊文、介紹新商品的開箱文、詢問文、心得文等，製造討論熱度，並要求每月達成規範篇數；倘登上討論區首頁「熱門討論」或討論區文章置頂，則核發獎金金額會增加，藉此鼓勵炒熱討論議題，提高能見度，事後執行人員回報工作執行成果並計算報酬。

公平交易委員會認為某手機品牌等被處分人之行銷手法核屬足以影響交易秩序之欺罔行為，違反當時之公平交易法第 24 條（即現行法第 25 條），其主要處罰理由如下：

1. **業者與為文推薦者之利益關係，依一般交易行為判斷，應屬重要交易資訊**

閱讀者依個人購物參考網路資訊之使用習慣，有可能基於信任多數親身體驗消費者之使用經驗，列入購買特定商品參考，是發言回文者是否受廠商雇用或與其有利益關係，自然會影響閱讀者對於其推薦內容或競品比較之信任程度，進而影響是否購買該特定商品之決定。

2. **隱藏口碑行銷背後業者身分對消費者與競爭同業產生不利影響**

口碑行銷倘係以匿名發言之外觀呈現及行銷手法，對消費者而言，會降低對事業行銷的認知，並無法知悉係事業所為，而**提升**該等寫手目的性發言內容之**可信度**；而對競爭同業而言，隱藏身分發言之工讀生所發言內容，使競爭同業亦無法知悉究是競爭對手所為，抑或是消費者之言論，基於尊重消費者言論自由，及凜於得罪消費者之現代商務常態，競爭對手對此種被蓋布袋挨打局面易怯於反駁，且競爭對手亦因無法辨識係對手所為，而無法同普通商業競爭手段爭議般，採取行政或司法救濟。

3. **某手機品牌等之行銷手法核屬足以影響交易秩序之欺罔行為**

被處分人以人為製造之討論熱度及一人分飾多角、多人輪替共用帳號等方式，佯裝一般人發文博取網友信任之行銷手法，乃屬以**積極欺瞞或消極隱匿**實受廠商促進為言之重要交易資訊。被處分人藉由上開行銷手法**直接或間接干預**潛在多數消費者在被處分人與競爭同業商品間之**交易抉擇**，以助益其商品銷售業績，**進而不當影響同業競爭**，核屬足以影響交易秩序之欺罔行為。

消費者的薦證廣告

值得注意的是，上開處罰係針對業者，至於口碑文的寫手而言，如其內容**有引人錯誤之虞，仍可能構成觸法**。依公平交易法第 21 條規定，廣告薦證者（指廣告主以外，於廣告中反映其對商品或服務之意見、信賴、發現或親身體驗結果之人或機構）明知或可得而知其所從事之薦證有引人錯誤之虞，而仍為薦證者，與廣告主負連帶損害賠償責任。但廣告薦證者非屬知名公眾人物、專業人士或機構，僅於受廣告主報酬 10 倍之範圍內，與廣告主負連帶損害賠償責任。

此外，依「公平交易委員會對於薦證廣告之規範說明」，薦證者與廣告主間**具有非一般大眾可合理預期之利益關係者，應於廣告中充分揭露**，若未於廣告中充分揭露，且足以影響交易秩序者，涉及違反公平交易法第 25 條規定。

由上可知，**不只薦證廣告不實或引人錯誤者會受處罰，即使廣告屬實，若未充分揭露薦證者與廣告主間之利益關係，亦可能遭受處罰**。公平交易法係以處罰事業為原則，薦證商品或服務的消費者倘若並未被公平交易委員會認定為事業主體（即提供評價服務從事交易之人），惟如有故意共同實施違反公平交易法的行為，仍可能遭援引行政罰法第 14 條第 1 項規定而與業者共同受罰。例如過往曾有某藝人因代言薦證之全竹炭塑身衣涉嫌廣告不實而與業者一同遭公平交易委員會處罰（案號：公處字第 098094 號）。

陽光是最好的防腐劑

就網路上口碑行銷手法而言，誠如公平交易委員會在前述之寫手門案所闡述:「按閱讀者依個人購物參考網路資訊之使用習慣，有可能基於信任多數親身體驗消費者之使用經驗，列入購買特定商品參考，是發言回文者是否受廠商雇用或與其有利益關係，自然會影響閱讀者對於其推薦內容或競品比較之信任程度，進而影響是否購買該特定商品之決定」，因此應予揭露寫手或薦證者與廣告廠商間利害關係之資訊，以保護消費者並維持公平之競爭秩序。

美國聯邦貿易委員會法 (Federal Trade Commission Act) 第 5 條也有類似我國公平交易法的規定，禁止不公平或詐欺的商業交易。然而由於該法條具有相當程度之抽象性，有賴主管機關 FTC 訂定相關指導原則並於個案中闡釋。FTC 關於薦證廣告之指導原則中即規定：若薦證者與銷售廣告商品的廠商具有一定的關係而可能實質影響薦證的可信性，則該關係必須揭露，且舉例某學生自遊戲廠商免費取得遊戲軟體而撰寫相關之部落格文章，即屬應揭露之關係。

美國知名的聯邦最高法院大法官 Louis Brandeis 曾表示:「陽光是最好的防腐劑，燈光是最好的警察」，強調**公眾事務資訊公開的重要性**。商業交易亦牽涉到資訊公開，例如 Google 就關鍵字搜尋結果中屬業者廣告部分會特別標示；又如 TIME 雜誌出版社或文章作者若與討論議題之當事人有利害關係者亦會以附註揭露。此乃開誠布公，取信於民，中外皆然。

7-3 App 行銷與交易也應公平競爭

相對於實體通路，透過網際網路來行銷與交易已成為不可忽視的力量。除了網站網頁之外，藉由手機 App 來吸引使用者、行銷、導購，進而完成交易更成為網路潮流。App 固然是商家行銷與交易的利器，但不能未經同意逕自擷取其他商家投入相當努力所建置之網頁資訊，而作為自身 App 的內容並以此行銷商品或服務、招攬使用者下載、付費購買加值服務、銷售廣告版位等商業交易行為，否則可能被認為是「榨取他人努力成果」而違反公平交易法。

榨取他人努力成果的顯失公平行為

實務上曾有人開發及行銷關於戲院電影場次資訊的 App

「moovy」，卻未經同意而將其他業者經營之「開眼電影網」(atmovies) 網站上所編製的電影場次資料，混充為自身開發程式之資料內容，推展自己商品或服務，而遭公平交易委員會認定為足以影響交易秩序之顯失公平行為（案號：公處字第 101094 號）。

公平交易法有關顯失公平行為類型

依「公平交易委員會對於公平交易法第 25 條案件之處理原則」的規定，公平交易法第 25 條所稱「**顯失公平**」，**係指以顯然有失公平之方法從事競爭或營業交易者**。顯失公平之行為類型例示如下：

1. 以損害競爭對手為目的之阻礙競爭。
2. 榨取他人努力成果。
3. 不當招攬顧客。
4. 不當利用相對市場優勢地位。
5. 利用資訊不對稱之行為。
6. 補充公平交易法限制競爭行為之規定。
7. 妨礙消費者行使合法權益。
8. 利用定型化契約之不當行為等。

抄襲他人投入相當努力建置之網站資料，混充為自身網站或資料庫內容，藉以增加自身交易機會，即為「榨取他人努力成果」的類型之一，亦為顯失公平之行為。過往在網站時代，常見有網站抄襲其他網站網頁情事，現在進展到 App 時代，則有 App 抄襲其他網站網頁或 App 內容的案例，均屬「榨取他人努力成果」的行為，違反公平交易法第 25 條。

591 v. 豬豬快租 App 案

實務上曾出現一款名為「豬豬快租」的手機 App，與 591 房屋網及其 App 同屬提供消費者與出租物件刊登者可互通聯繫的平台，且在 Google Play Store、Apple App Store 均有上架，並以提供平台服務為收入來源。惟經營 591 房屋網的業者發現豬豬快租有涉嫌抄襲 591 房屋網的行為，乃委請公證人公證豬豬快租 App 操作過程及其與 591 房屋網 App 出租物件對照資料，比對發現豬豬快租 App 近 9 成內容係直接擷取 591 房屋網之出租物件資訊（含物件照片、基本資料及刊登者聯絡資訊等），且使用者輸入地區、用途、租金範圍、坪數範圍等搜尋條件後出現之頁面，並無揭露 591 房屋網所屬租屋物件原登載網址等情事。

經公平交易委員會調查後認定：經營豬豬快租 App 的商

家，未經同意而自行透過「網路爬蟲技術」擷取 591 房屋網出租物件資訊，作為自身 App 之內容，並以此招攬使用者下載、付費購買加值服務、銷售廣告版位等商業交易行為，構成足以影響交易秩序之顯失公平行為，違反公平交易法第 25 條規定（案號：公處字第 106084 號）。

公平交易委員會更指出以下幾點，凸顯出平台經濟的特色：

1. 租屋網站具有「**雙邊市場**」之特性，租屋網站經營者必須吸引足夠數量之房東及房客加入同一個平台，才能提升租屋網站之價值。經營豬豬快租 App 的商家未經同意即擷取使用 591 房屋網之出租物件資訊，充作豬豬快租 App 的內容提供給使用者檢索，將原本造訪 591 房屋網欲檢索出租物件之房客，導向豬豬快租 App，瓜分 591 房屋網的網路流量，不僅減損經營 591 房屋網的業者為吸引房客造訪 591 房屋網所投入之努力，也會因為平台兩邊間接網路效應，降低 591 房屋網對於房東的價值。
2. 591 房屋網不僅提供房東及房客間中介平台，591 房屋網之網頁亦有提供廣告版位，對廣告主而言，網站廣告版位的價值取決於造訪網站的網路流量。經營豬豬快租 App 的商家擷取 591 房屋網出租物件資訊充作豬豬快租 App 的內容，瓜分 591 房屋網的網路流量，榨取業者為建構 591 房屋網及吸引房客造訪該網站投入之努力，並有減損 591 房屋網出租物件刊登客源及其廣告版位商業價值之虞。

超連結的爭議

如果不是直接拷貝抄襲其他網站的內容，而是提供**超連結 (Hyperlink)**，讓使用者可以透過 App 或網站連結到其業者的網站頁面，這是否屬於「榨取他人努力成果」而違反公平交易法，實務上則有爭議。

以房屋比價平台為例，有正反兩種見解。過往曾有法院認為超連結模式違反公平交易法，例如某 A 公司經營的「住通搜尋系統」(App.houseflow.tw) 讓會員搜尋比較各家房仲業者的不動產銷售資料，會員只要鍵入不動產地段或地址、價格、屋齡或坪數等搜尋條件，就可查到各房仲業者相同條件的不動產，也可連結到各房仲網站。某 B 房仲業者乃以某 A 公司未經其同意使用其房屋仲介資料涉嫌違反公平交易法為由而向智慧財產法院提告，經法院判決某 A 公司應賠償 30 萬元及應將「住通搜尋系統」中搜尋條件之房仲品牌移除某 B 房仲業者之選項，且該系統不得再使用某 B 房仲業者之物件資料(參見智慧財產法院 104 年度民公上字第 2 號民事判決)。

然而另有法院認為超連結模式合法。在屋比 App 一案，業者建置之「屋比－超省房屋比價」網站及「屋比－超省房屋比價 App」等之比價平台，以其設計之軟體系統超連結各大房仲公司公開網站之相關資訊，便利使用者搜尋比價。法院認為屋比比價平台係經花費人力、物力，精心設計軟體系統，藉以搜尋原告各房仲業者網站的公開資料，供使用者自行設定條件後，超連結原告網站，並獲取原告網站公開的相關物件資料，供使用者作出經濟上之合理抉擇，其與一般搜尋引擎之功能實無所差異。又屋比比價平台僅得以提供資訊，無從制約使用者的選擇，乃針對相同物件提供使用者多重訊息，使用者得以取得充分資訊，作適當之選擇，增加其自我實現之機會，其不但應受憲法言論自由之保障，亦與社會倫理手段無悖，實難認有何足以影響交易秩序之顯失公平之行為（參見智慧財產法院 106 年度民公訴字第 9 號民事判決）。但須注意該判決後來經最高法院廢棄並闡述：「就資訊網路而言，營業人建置專屬網頁未設瀏覽之限制，固得推定其容許他人觀覽及建置彼此網頁之連結，以增加自身商品或服務之瀏覽機率，促進行銷。惟設置網頁連結他人之網頁資訊者，倘有不正利用他人於網頁所提供之資訊，而有誤導網路使用者之虞，以榨取他人努力成果，足以影響交易秩序者，即非交易倫理所容許」（參見最高法院 109 年度台上字第 1756 號民事判決）。由上可見，**超連結模式在實務運作上如有不當榨取他人努力成果之情形，可能被認定違反公平交易法**，宜審慎注意。

綜上，App 行銷與交易應重視興利與防弊，不能偏廢。特別是有些案例還牽涉到平台經濟所具備雙邊市場之特性，在判斷是否違反公平交易法時，尚應考量因需求者瀏覽次數減少導致供給者提出之商品或服務的減少，而平台吸引力的降低也會影響廣告主刊登廣告意願等動態效果。

小結

企業行銷的手法推陳出新、千奇百怪，企業在努力賺錢的同時亦應兼顧公平交易。公平交易法的立法目的乃為維護交易秩序與消費者利益，確保自由與公平競爭，促進經濟之安定與繁榮。其主要二個規範領域包括**限制競爭**與**不公平競爭**。不公平競爭包括：**不實廣告、仿冒、不當贈品贈獎、營業誹謗及其他足以影響交易秩序之欺罔或顯失公平之行為**。實務運作上不公平競爭處分案的件數遠高於限制競爭處分案，且不實廣告處分案最多，其次是欺罔或顯失公平案。公平交易法之不公平競爭主要是**規範商業行銷行為**，而企業發揮創意天馬行空地設計各種行銷方案之際，也應腳踏實地公平競爭避免誤觸法網。

Chapter 8

大數據時代的重要議題：個人資料保護

許多業者在從事行銷與銷售活動時，會希望取得多元化的客戶個人資料，以便能更加了解客戶的喜好與需求，從而提供精準的行銷，將商品成功銷售給適合的客戶。例如影視串流平台業者 Netflix 不僅蒐集利用使用者的個資，也可透過大數據及 AI 分析來更深入了解使用者的行為模式， 從而建構出個別使用者的圖像；而對於所有使用者的綜合分析，則可進一步分類及勾勒出客戶群組圖像及流行趨勢。這些資訊有助於業者對使用者提出推薦影片的建議，而增進使用者對其服務的喜愛與沉浸式體驗 (Immersive Experience)，亦有助於業者於平台上引進深具吸引力的影視內容，甚至跨足自製或合製影片以掌握內容 IP。

個資保護是大數據時代的重要議題，必須尊重當事人的個資自主決定權，此為司法院大法官會議釋字第 603 號解釋所明揭，而具體落實的法律即為個人資料保護法。企業固然可靠大量蒐集處理及利用客戶個資來獲得短暫的競爭優勢，但在相關法律與規定日趨嚴厲下，**個資隱私保護做得好也能變成另一種競爭優勢**，例如蘋果相對於許多平台業者更重視客戶的隱私保護，以 App Store 之管理來說， 蘋果要求 App 業者應提供隱私權說明標籤，且讓用戶能針對每個 App 決定個人隱私使用方式，並透過設定項目中「隱私權報告」了解每個 App 使用個人隱私情況，藉由多種方式強化用戶對其隱私的控制與管理，更增加果粉對蘋果死忠的信賴。大數據、AI 及各種技術應用除了用來強化行銷力量之外，也應朝促進個資隱私保護的方向來發展，並成為企業遵法與政府執法的利器。

個人資料保護法有關個資保護原則之規定

個人資料保護法第 1 條：

為規範個人資料之蒐集、處理及利用，以避免人格權受侵害，並促進個人資料之合理利用，特制定本法。

個人資料保護法第 5 條：

個人資料之蒐集、處理或利用，應尊重當事人之權益，依誠實及信用方法為之，不得逾越特定目的之必要範圍，並應與蒐集之目的具有正當合理之關聯。

8-1 請問有會員要累積點數嗎?從會員與點數經濟談起

加入商家會員與累積會員點數已成為民眾消費購物時司空見慣的行銷手法，而民眾交出個資以獲得好康優惠已蔚為商業法則！消費者的個資與交易資訊所累積的大數據是企業行銷的重要參考資訊，經過分析研究後再透過各種行銷手法以創造商品與服務的銷售佳績。行銷的手法千變萬化，但應注意個資保護，讓消費者的個資成為行銷的推進器而非絆腳石。

會員經濟的市場競爭

我們早已身兼許多會員身分。電信、電視及網路服務是民眾獲取資訊與交流的主要媒介，為業者帶來長期穩定的現金流。銀行存款與信用卡服務則是民眾管理資金的主要方式，各家業者推出許多優惠的會員方案以爭取客戶。許多實體與網路商家，除了提供會員優惠的商品交易外，也透過有效整合資訊流與金流，讓會員享有方便順暢的交易體驗。隨著網路電商與社群媒體的興起，會員經濟更呈現多元化的發展。只要購買量大，就有折扣優惠的空間，可能是眾多會員短時間匯集購買量大，如社群團購；也可能是單一會員長時間累積的購買量大，如忠誠會員。

會員經濟的商業模式重視長久經營客戶關係，勝過於一次性的商品交易。許多網站經營與行動商務都採會員制，但會員制並非僅是單純的讓客戶註冊基本資料，而是要能提供長期的服務與優惠，產生持續互動關係與歸屬感以培養會員的忠誠度，才不會輕易地見異思遷，琵琶別抱。

會員經濟也是市場競爭的手段，在殺價流血的價格競爭之外，業者也可透過維繫會員關係以獲得競爭優勢。會員經濟運作的關鍵因素包括會員個資的蒐集與利用，業者方能充分了解客戶並提供適合的交易機會與廣告投放，同時也須注意個資保護，才能獲得會員的信任及維護品牌商譽。

點數經濟的關係行銷

現代行銷學之父 Philip Kotler 認為行銷的主要目標，是和所有可能直接或間接影響企業行銷活動的個人與組織，發展**深入而持久的關係**，此即「**關係行銷**」**(Relationship Marketing)** 的概念。其中很重要的關係對象即為「客戶」，強調與客戶建立長期的關係，而不是一次性的交易。不僅要做到**了解你的客戶 (KYC, Know Your Customer)**，還要透過各種方式發展深入而持久的關係。**對於忠誠客戶 (Loyal Customer) 更要能提供優惠以增加黏著性**，形成互利循環的關係網。現今流行的「點數經濟」行銷模式即為關係行銷的具體實踐，企業提供具有兌換價值的點數回饋客戶，藉此提高客戶自發性的消費意願，持續「消費－積點」的循環模式。

近年來，百貨或零售業者紛紛推出紅利集點的行銷方案，遠東及 Sogo 百貨有 Happy Go；統一超商有 OPENPOINT；全家便利商店則與悠遊卡、中華電信等公司結盟推出 UUPON 紅利集點平台等，可說是群雄併起，不僅爭奪市占率也搶攻客戶的心占率。企業藉由擴大合作廠商的規模形成實體與虛擬的商圈聚落，可達到網路效應，同時讓累積的點數能透過多元的用途滿足消費者的實際需求，並吸引更多的商家與消費者加入，例如可以將自己的點數轉贈給朋友使用，藉此擴大客群；或是透過異業結盟的方式讓點數可以移轉作為另一項商品或服務消費折抵所用。像是特約加盟的銀行信用卡的紅利點數可轉換為 OPENPOINT 在統一超商消費使用；加入 UUPON 集點計畫的消費者，可將使用悠遊卡搭乘大眾交通工具所累積的點數作為合作商家消費折抵之用。此外，點數還可與支付工具結合發揮類似數位貨幣的功能。

個資成為新貨幣

天下沒有白吃的午餐。不管商家提供再好的優惠，甚至是免費，其實都不是無償提供，**消費者的個資及交易習慣等資料可說是新型貨幣甚至已商品化而由廣告商買單**。臉書執行長 Mark Zuckerberg 曾在美國國會聽證會上被參議員問到：「如果客戶不付費，臉書如何延續商業模式？」他回答：「我們賣廣告」。這是因為臉書掌握且能分析客戶資料而使得廣告商得以精準投放廣告 。 而蘋果執行長 Tim Cook 在某個場合說：「如果一款網路服務是免費的，那麼你並不是客戶，而是商品」。這真令人感慨，我們以為自己是消費者，但實際上卻是被消費者，而被消費掉的就是我們的個資隱私。

客戶及交易的資料不斷累積成為海量之後，還能進行大數據分析，再加上行為經濟學與心理學的輔助運用，不僅可透過會員分級來提供更細緻的服務層級與差別定價，更能讓會員感受到「它抓得住我」的品牌認同與歸屬感，也強化會員與其他會員的社群關係。久而久之會員就被點數優惠及各種套牢措施給圈住了，增加其轉換成本，其他競爭對手則難以半路攔截搶客，畢竟忠誠會員不大會因為短視近利而放棄原本所享有的會員優惠。而在行動上網越來越普及後，企業更容易推動數位行銷，尤其在結合使用者個資、瀏覽紀錄、消費習慣及地理位置等資料的大數據以及各種 App 的創新及應用後，更可發揮精準客製化的威力。

會員經濟與點數經濟可以培養商家的**忠誠客戶**，客戶越忠誠，其所提供的個資種類與內容就越多，更有利於精準行銷。加入會員累積點數的行銷手法固然有助於綁住客戶以建立深入而長久的關係，但仍應落實個資保護，以贏得客戶長久的信賴。

8-2 當個資成為商品：行銷活動與個資保護機制

現今商業行銷實務上，許多業者會運用消費者個資與交易資料進行大數據分析，再透過消費者評價回饋改善銷售流程。隨著 AI 的發展，讓業者更能夠探採大數據礦產，將數據轉換成現金，而 AI 及自動化技術亦有助於業者進行倉儲與物流管理。舉例而言，業者可透過大數據分析，推估當年雨季及市場供需狀況，而能預先與供應商規劃雨具商品，及早備貨調度，就能趕上雨天賣傘商機，而不會臨時缺貨或賣到斷貨，甚至可以促使供應商針對家裡有小朋友或是愛美的女性客戶開發新奇好用又美觀的雨具如雨傘、雨衣、雨帽及雨鞋等商品。

告知後同意的機制與扭曲

隱私 (Privacy) 包括身體、空間、通訊、資訊等私領域的範疇，**個人資料即屬於資訊隱私的一種**。傳統意義的隱私權係指私領域消極地不受外界干擾，現代意義的隱私權則更包含了個人積極地對其私領域自主控制的權利。為落實隱私保護，「個人資料保護法」於 2012 年 10 月 1 日施行，取代過去的「電腦處理個人資料保護法」，可說是個資隱私保護的新憲章。

司法院大法官會議釋字第 603 號解釋及個人資料保護法宣示並賦予當事人「**個資自主決定權**」。關於個資之蒐集、處理及利用，原則上須先告知當事人關於個人資料保護法所定事項並獲其同意始可進行，此即「**告知後同意**」**(Informed Consent)，乃國際上個資保護之通則**。業者進行網路行銷甚至量身訂作的精準行銷，常會蒐集、處理及利用他人的個資，也必須踐行「告知後同意」的原則。

個人資料保護法有關告知後同意之規定

A.告知：

個人資料保護法第 8 條：

公務機關或非公務機關依第 15 條或第 19 條規定向當事人蒐集個人資料時，應明確告知當事人下列事項：

1. 公務機關或非公務機關名稱。
2. 蒐集之目的。
3. 個人資料之類別。
4. 個人資料利用之期間、地區、對象及方式。
5. 當事人依第 3 條規定得行使之權利及方式。
6. 當事人得自由選擇提供個人資料時，不提供將對其權益之影響。

有下列情形之一者，得免為前項之告知：

1. 依法律規定得免告知。
2. 個人資料之蒐集係公務機關執行法定職務或非公務機關履行法定義務所必要。
3. 告知將妨害公務機關執行法定職務。
4. 告知將妨害公共利益。
5. 當事人明知應告知之內容。
6. 個人資料之蒐集非基於營利之目的，且對當事人顯無不利之影響。

B.同意：

個人資料保護法第 19 條：

非公務機關對個人資料之蒐集或處理，除第6條第1項所規定資料外，應有特定目的，並符合下列情形之一者：

1. 法律明文規定。
2. 與當事人有契約或類似契約之關係，且已採取適當之安全措施。
3. 當事人自行公開或其他已合法公開之個人資料。
4. 學術研究機構基於公共利益為統計或學術研究而有必要，且資料經過提供者處理後或經蒐集者依其揭露方式無從識別特定之當事人。
5. 經當事人同意。
6. 為增進公共利益所必要。
7. 個人資料取自於一般可得之來源。但當事人對該資料之禁止處理或利用，顯有更值得保護之重大利益者，不在此限。
8. 對當事人權益無侵害。

蒐集或處理者知悉或經當事人通知依前項第7款但書規定禁止對該資料之處理或利用時，應主動或依當事人之請求，刪除、停止處理或利用該個人資料。

「告知後同意」是為了確保當事人在充分資訊下做出適當決定，除了個資保護之外，這也廣泛運用在醫療服務與金融商品的銷售，且由法律所明定（參見醫療法第 63 條及金融消費者保護法第 10 條）。告知後同意的機制顯然是基於好意，但在具體實踐上卻可能遭到扭曲，例如：

1. 很多人收到內容密密麻麻的告知文件，其實根本就沒有仔細閱讀。
2. 即使有人想要逐字逐句好好閱讀告知文件，卻常常是有看沒有懂，因為裡面有許多專業用語與不容易了解的語法。
3. 常見業務人員嘴巴講得天花亂墜，吸引人們去購買商品或服務，但那些話術卻沒有寫在白紙黑字的告知文件中。
4. 人們不管有沒有看懂告知文件，最後都被要求簽名（或按鍵）表示同意。
5. 如果表示不同意，就不能進行下一個步驟，無法進行交易或是享用免費的服務。
6. 一旦表示同意，出狀況時，就推說使用者已同意而讓業者免責。

上述這些現象，經常發生在民眾日常生活上面對的醫療、財務及勞資關係等事務上。甚至很多時候民眾只是單純想要上網買東西或進行社交活動，根本沒有仔細閱讀資訊告知文，等到收到許多推銷廣告甚至遭到電話詐欺，才發現不要錢的最貴，原來在不知不覺中自己已同意讓企業廣泛地利用自己的個資。

∝ 個資保護機制的建立

企業建立客戶個資保護機制主要可分成兩大面向：

1. 權益面

不僅要讓客戶知悉網站的隱私政策以及哪些個資將被如何蒐集與利用，更要賦予客戶同意權，此即「告知後同意」的個資保護機制。

2. 技術面

強化個資安全措施，防止內鬼外洩以及駭客入侵系統而竊取個資。企業最好能對其建置之個資安全措施取得相關認證，並保留對客戶已告知並獲同意蒐集利用個資的相關證據，以備將來遭控違法時，得證明無故意或過失而免責。

此外，個人資料保護法還賦予當事人「**拒絕接受行銷**」之權利，可分為兩種態樣：

1. 非公務機關於首次行銷時，應提供當事人表示拒絕接受行銷之方式，並支付所需費用。
2. 非公務機關利用個資行銷者，當事人表示拒絕接受行銷時，應即停止利用其個人資料行銷。

因此，企業在行銷資料中**除提供告知後同意的機制之外，亦應提供行銷之相對人表示拒絕接受行銷之方式**，如按鈕取消訂閱。

個資保護與企業內控制度

隨著網路通訊技術進步及電子行動商務的風行，蘊藏無限商機的客戶個資透過大數據分析採礦可進而轉化變現，因此許多優惠、免費的商品或服務，其實是以具有數位貨幣性質的個資作為對價來交換，而一般商業行銷與交易也都會涉及客戶個資的運用。惟個資外洩事件卻會損害企業商譽與信用，因此個資保護亦為企業內控的重點。

現行法制對於公開發行公司與金融業者均有要求建立**內部控制制度**。內部控制有三道防線，第一道防線是**自行查核**，第二道防線是**法令遵循與風險管理**，第三道防線是**內部稽核**。為使內部控制制度能有效及適當的運作，由第一道、第二道防線進行風險監控，第三道防線進行獨立監督，三道防線各司其職。金管會制頒之「**公開發行公司建立內部控制制度處理準則**」已將**個資保護之管理**列為**公開發行公司內控作業之重點項目**，而金融消費者保護法也規定金融服務業者應將包括了解客戶、風險告知及個資保護等事項，納入其內部控制及稽核制度，並確實執行。一般企業對個資保護議題亦不容忽視，宜建立適當之內控制度。與個資保護密切相關的法律是個人資料保護法，因此個資保護之內控作業即須注意個人資料保護法之遵循。

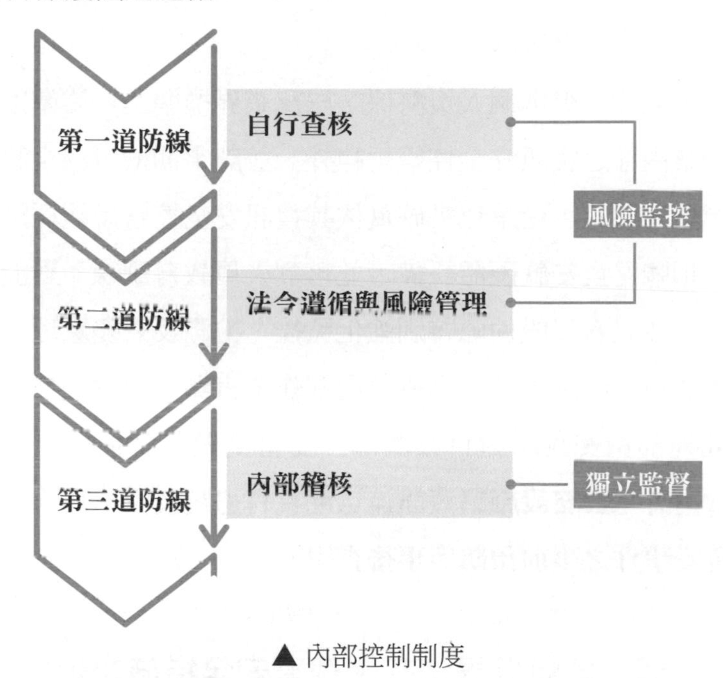

▲ 內部控制制度

個人資料保護法對個資提供更確實的保障（包括行政、民事以及刑事救濟管道），且對各行各業以及所有民眾如何蒐集、處理及利用個資將產生重大影響。企業為符合個人資料保護法規定，**除須善盡告知義務以取得個人同意而蒐集或處理個資之外，亦有必要建置個資安全措施以防範個資外洩**，特別是近來層出不窮的駭客入侵事件。個人資料保護法第 27 條第 1 項即規定：非公務機關保有個資檔案者，應採行適當之安全措施，防止個資被竊取、竄改、毀損、滅失或洩漏，此即涉及資安之維護。

企業除了應依個人資料保護法及業界標準之作業準則訂立企業內部之資訊安全控管規範外，並應定期檢討該規範之妥適性。同時，企業也需確實依其資訊安全控管規範採購及維護相關之資安軟硬體設備，並落實人員教育訓練。對於高度敏感性之資訊設備應特別強化監控、檢測及應變處理，定期辦理資安防護演練。為避免內部作業盲點，視個別情況得委託外部資安團隊對企業內部資安措施做出評估與改進建議。另外，**資安設施對資訊流也應具有追蹤及警示功能，以利危安事件之事前預防與事後查緝**。

個人資料保護法有關個資安全措施之規定

個人資料保護法第 27 條：

非公務機關保有個人資料檔案者，應採行適當之安全措施，防止個人資料被竊取、竄改、毀損、滅失或洩漏。

中央目的事業主管機關得指定非公務機關訂定個人資料檔案安全維護計畫或業務終止後個人資料處理方法。

前項計畫及處理方法之標準等相關事項之辦法，由中央目的事業主管機關定之。

個人資料保護法施行細則第 12 條：

本法第 6 條第 1 項但書第 2 款及第 5 款所稱適當安全維護措施、第 18 條所稱安全維護事項、第 19 條第 1 項第 2 款及第 27 條第 1 項所稱適當之安全措施，指公務機關或非公務機關為防止個人資料被竊取、竄改、毀損、滅失或洩漏，採取技術上及組織上之措施。

前項措施，得包括下列事項，並以與所欲達成之個人資料保護目的間，具有適當比例為原則：

1. 配置管理之人員及相當資源。
2. 界定個人資料之範圍。
3. 個人資料之風險評估及管理機制。
4. 事故之預防、通報及應變機制。

5. 個人資料蒐集、處理及利用之內部管理程序。
6. 資料安全管理及人員管理。
7. 認知宣導及教育訓練。
8. 設備安全管理。
9. 資料安全稽核機制。
10. 使用紀錄、軌跡資料及證據保存。
11. 個人資料安全維護之整體持續改善。

而在法令遵循方面，企業應有專人處理個資保護之議題，如企業規模較小，該專人得由法務或人資主管兼職，但不宜兼職商業職務，以免利益衝突。而負責個資保護之人員應接受相關之法律及實務專業訓練，並獲取相關資格證照。例如：政府推動而由資策會科技法律研究所執行的台灣個人資料保護與管理制度規範 (TPIPAS) 所培訓及提供之專業人員證照，包括：個人資料管理師、個人資料內評師及個人資料驗證師等。

企業內部關於個資保護作業應確保符合相關法令規範，就個資危安事件之發生應立即通報企業高層，並儘速做出適當之處理。個資保護可能會與**洗錢防制法**、**資恐防制法（針對恐怖活動之資助）**等產生規範衝突，企業應注意各種法令之協調與處理機制。

8-3 從辨臉到變臉：肖像權與個資保護

臉是人的門面，不管是本來面目還是化妝 P 圖，均有助於外界辨認特定主體，因此許多社群網站與 App 都會促使用戶上傳個人照片。臉也可用來行銷品牌或個人，商品廣告多會以代言人或是模特兒的臉來吸引目光，而在 IG 上常會看到人們把自己打扮地美美的，再用濾鏡創造特種氛圍，其中最吸睛的部位就是臉龐。

每個人的臉都是獨一無二的，是重要的生物特徵，可透過機器深度學習從資料中歸納出規則，進而分析辨認。臉也屬於個資之一種，倘若有人盜用或濫用而移花接木或招搖撞騙，將會損害個資及其他權益。

深偽技術的濫用

臉書於 2021 年 10 月底宣布母公司改名為 Meta，並將朝元宇宙 (Metaverse) 轉型之後，隨即於 11 月初表示其將關閉臉書平台上使用的臉部辨識系統。也就是曾選擇接受 (Opt-in) 該系統的用戶，將不再被臉書於照片與影片中自動辨識，而且臉書亦將刪除該等用戶的臉部辨識模板。上開變革反映出個資保護的趨勢以及企業對國家加強監管亦須有所回應。

相對於臉部辨識技術，更嚴重的是「深度偽造」(DeepFake) 的 AI 變臉技術。2021 年 10 月台灣警方破獲包括網紅「小玉」在內的犯罪集團，他們涉嫌運用深偽技術，將上百名女性網紅、名人甚至政治人物的臉，以移花接木且幾可亂真的手法合成至他人的性愛影片，進而在網路上販賣散布。該事件引發社會矚目，也讓人有法律規定趕不上科技發展的擔憂。

關於小玉變臉事件，有些人認為法律處罰太輕，由於其可能涉嫌散布猥褻物品、妨礙名譽等罪，在刑度上僅為 2 年以下有期徒刑，而引發刑法相關規定修正的討論，以保護個人隱私並防範深偽技術淪為犯罪工具。值得一提的是，依個人資料保護法第 2 條規定，個人資料是指自然人之姓名、出生年月日、國民身分證統一編號、特徵等及其他得以直接或間接方式識別該個人之資料。因此若是從臉也是個資的角度出發，則侵害個資的刑度可為 5 年以下有期徒刑，涉及個人資料保護法的規定則包括：

1. 意圖為自己或第三人不法之利益或損害他人之利益，而違反個人資料保護法關於個資蒐集、處理或利用之規定，足生損害於他人者（個人資料保護法第 41 條）。

2. 意圖為自己或第三人不法之利益或損害他人之利益，而對於個資檔案為非法變更、刪除或以其他非法方法，致妨害個資檔案之正確而足生損害於他人者（個人資料保護法第 42 條）。

肖像權的保護

臉屬於肖像的一種，肖像是個人形象及個性的表現，臉則是最受矚目的部位。商業實務上常見品牌業者與知名藝人、運動員或網紅合作，由其代言推銷品牌商品。從商業行銷的角度來看，將代言人的肖像拍攝成靜態的照片或動態的影片，並結合特定企業、品牌或商品，可以產生巨大的廣告效應。

實體與網路都曾發生過許多侵害肖像權的案例，例如：藝人陳美鳳就某貿易公司生產「美鳳料理米酒」冒用其名義與肖像一案提出民事求償，經法院判賠 60 萬元（參見台北地院 93 年度訴字第 1820 號民事判決）。又如演員柯佳嬿控告經營某購物網站的公司在其官網與臉書粉絲專頁上擅自刊登其肖像作為商業使用以利行銷販售商品，該案經法院判賠 50 萬元（參見台北地院 109 年度訴字第 1585 號民事判決）。

肖像權屬於人格權的一種，受到民法保護。人格權受侵害時，得請求法院除去其侵害；因故意或過失，不法侵害他人之權利者，負損害賠償責任；不法侵害他人之身體、健康、名譽、自由、信用、隱私、貞操，或不法侵害其他人格法益而情節重大者，被害人雖非財產上之損害，亦得請求賠償相當之金額。倘若第三人未經同意使用他人肖像，或進而為商業利用，可能構成侵權行為。肖像權人依法得請求法院禁止他人利用其肖像，亦得主張財產上的損害賠償（如相當於授權金的損失）以及非財產上的損害賠償（如精神慰撫金、登報道歉等）。

值得注意的是，**隨著社會經濟的進步，肖像的商業利用越來越普遍且多元化，肖像權已與商標、專利及著作權等智慧財產權一樣，具有重要的財產價值，而非只有人格精神的意義**。過往司法實務上曾長期忽略人格權的商業價值，惟最高法院 104 年度台上字第 1407 號民事判決已明白肯認：隨社會變動、科技進步、傳播事業發達、企業競爭激烈，常見利用姓名、肖像等人格特徵於商業活動，產生一定之經濟效益，該人格特徵已非單純享有精神利益，實際上亦有其「經濟利益」，而具財產權之性質，應受保障。

由於肖像具有高度識別性，因此個人若是以自己的肖像作為商標，原則上得准予註冊。若是以他人肖像申請商標註

冊，則不得核准。另應注意若是未經他人同意而以其肖像作為廣告，會讓消費者誤認為他人代言促銷廣告商品，可能涉嫌違反公平交易法關於不實廣告的規定。

綜上，臉是個人的重要資產，實體世界如此，網路世界亦然。**將來要進入的元宇宙裡，虛擬分身的臉也具有身分識別與商業行銷的作用**。然而未經同意擅自將他人的臉作為行銷使用或是發行 NFT，均涉嫌侵害肖像權。辨臉、變臉及肖像權的實務發展將會不斷推陳出新，讓我們拭目以待吧！

小結

商業行銷與科技越來越人性化，常是因為越來越了解人性，但也會引發對消費者個資隱私受侵害的疑慮。業者要吸引消費者上門，亦應重視個資保護與資安維護，才能讓消費者安心消費，無後顧之憂，這也能降低業者因客戶個資外洩事件而遭受求償與處罰的法律風險。商業行銷花招百出，其目標都在於吸住消費者的眼球，打動其心，以促成銷售，將流量轉化為銷量，再啟動下一波的循環。無論是行銷還是銷售，均應注意重視個資保護，方能獲得消費者的長期信任，走好走穩永續經營的商道。

Chapter 9

消費意識新時代：消費者權益保護

商業行銷之目的在於銷售商品賺取利潤，但不能違法侵害消費者權益。消費者在付錢前被當成是大爺，商家透過各種行銷手法追求吸引，然而一旦付錢之後，卻有商家居然就變了一個臉，甚至翻臉不認人，這是很多消費者都曾有的經驗談。

例如商業行銷常用的廣告手法，其內容淺顯易懂且非常吸引人，但契約內容則艱澀難明。很多消費者在沒有詳閱契約內容前就簽名了，甚至是業務人員指哪裡就簽哪裡，可說是閉著眼睛簽約。由於消費者先前已受到廣告影響而做了交易決定，簽約只被當作是形式上的作業程序而有所輕忽。然而等到發生消費糾紛，業者就拿契約書當尚方寶劍，光明正大地宣示一切照契約來。至於先前的廣告，業者會辯稱廣告僅供參考，只是要約之引誘，並未構成契約內容的一部分。所幸**消費者尚得**依賴消費者保護法第 22 條作為權益的盾牌，**主張業者的廣告具有契約效力，於契約成立後，應確實履行。**

消費者保護法有關廣告條款之規定

消費者保護法第 22 條：

企業經營者應確保廣告內容之真實，其對消費者所負之義務不得低於廣告之內容。
企業經營者之商品或服務廣告內容，於契約成立後，應確實履行。

消費者保護有多種面向，我們從實務上常見的**定型化契約**與**退貨糾紛**談起，以了解商業行銷及銷售均應重視消費者權益的保護。

9-1 另類的行銷手法：網購退貨

隨著網路科技與電子商務的發達，網路購物已是全民運動，彈指之間即可享受購物的快感，更帶動宅經濟的發展。許多大廈管理員還要幫忙住戶簽收及管理宅配商品，可見一斑。隨著新冠肺炎的疫情發展，許多企業開始要求員工居家上班，因此民眾待在家裡的時間變得更長了，**消費購物的戰場更是從馬路轉到網路**，實體經濟雖然受到疫情衝擊，但電子商務卻逆勢成長，不僅民生必需品搶購熱銷，非必需品也是業績長紅。

網路購物固然方便，但相對於實體購物，消費者較難以仔細檢視商品，或是進行較為理性的購物決定，常常買了之後發現實品與網頁上有落差，或是因為衝動購物而事後反悔。若是商品有瑕疵，民眾本來就可依民法規定要求商家解約退貨，但若是商品無瑕疵，則須有其他退貨管道。基於保護消費者權益，網購業者依消費者保護法提供 7 天猶豫期，讓民眾可以無條件退貨。甚至**有網購業者把退貨作為行銷手法**，讓民眾可以在更長的天數如 30 天內無條件退貨，因此消費者在網購時更不會手軟，想說反正不喜歡還可以退，先買為快，先搶先贏，反而替商家創造更多業績。如日系知名平價服飾店 Uniqlo 便提供相當優惠的退貨機制 ， 以刺激民眾購買欲望。而網購退貨的經典教材案例之一則是網路鞋店 Zappos，以提供 365 日免費退貨服務而讓市場驚豔，並讓民眾躍躍欲試。因為鞋子會有試穿合腳的需求而不容易在網路銷售，一般是實體店較能提供試穿的服務，而如果網購能提供優惠退貨的選擇等於是大開試穿之門，更容易吸引客戶足不出門而一站購足！讓民眾享有退貨的權利，雖然會增加商家的成本負擔，但卻可增進買家對商家的信賴，亦有助於促成交易商機。

網路購物猶豫期間的退貨

依消費者保護法第 19 條第 1 項規定，通訊交易或訪問交易之消費者，得於收受商品或接受服務後 7 日內，以退回商品或書面通知方式解除契約，**無須說明理由及負擔任何費用或對價**。這是**法律賦予消費者於 7 天猶豫期間內可以無條件解約退貨的權利**，因為消費者在通訊交易或訪問交易的情形，通常未能仔細檢視實際商品的情況以慎重考慮是否購買。而消費者依法行使解約退貨權之後，企業經營者亦應處理還款事宜。依消費者保護法第 19 條之 2 第 2 項規定，企業經營者應於取回商品、收到消費者退回商品或解除服務契約通知之次日起 15 日內，返還消費者已支付之對價。

通訊交易與訪問交易

所謂「**通訊交易**」是指**企業經營者以廣播、電視、電話、傳真、型錄、報紙、雜誌、網際網路、傳單或其他類似之方法，消費者於未能檢視商品或服務下而與企業經營者所訂立之契約**，這是在傳播媒體與通訊科技發達後產生的新型交易模式，網路購物即是常見的通訊交易類型，網購商家必須依法賦予消費者於7天猶豫期間內解約退貨的權利。

至於「**訪問交易**」則是指**企業經營者未經邀約而與消費者在其住居所、工作場所、公共場所或其他場所所訂立之契約**，也就是不請自來的登門推銷。

然而消費者保護法第19條第1項亦規定通訊交易有**合理例外情事**者，則**不賦予**消費者上開於猶豫期間內解約退貨的權利。依「通訊交易解除權合理例外情事適用準則」之規定，有以下7種合理例外情事並應經企業經營者告知消費者：

▲ 消費者保護法第 19 條合理例外情事

上開例外情事是因為商品或服務的特性，可能不容易回復原狀或避免有所不公。以防疫期間興起民眾在家上網看影片的風潮為例，如果民眾向線上影視業者訂購機上盒／電視盒，則依消費者保護法享有於 7 天猶豫期間內無條件解約退貨的權利；而若是購買隨選影片、電視頻道等付費服務，因這是屬於非以有形媒介提供之數位內容，也是一經提供即為完成之線上服務，故不享有猶豫期解約退貨的權利。值得一提的是美國影視串流平台 Netflix 曾提供民眾免費試用 30 天的優惠以及可以隨時取消訂閱的權利，而成功在許多國家市場攻城掠地吸引眼球數與訂戶數，這可說是一種另類推廣商品的行銷手法。

購物網站退貨規定違反猶豫期的處理

消費者在購物網站上消費時經常會忽略注意到關於猶豫期退貨的規定。國內主要的電子商務平台都會在網站上揭示其退貨作業程序，內容大同小異。惟如果網購商家另以特約條款剝奪消費者保護法所賦予消費者於 7 天猶豫期內解約退貨的權利，或是變相刁難，此時消費者可主張：

1. 該特約條款無效，仍應依消費者保護法規定辦理

依消費者保護法第 19 條第 5 項規定，通訊交易或訪問交易違反本條規定所為之約定，其約定無效，故消費者仍得依消費者保護法第 19 條第 1 項規定行使猶豫期間內解約退貨權利。

2. 向主管機關檢舉

依經濟部所頒定之「零售業等網路交易定型化契約應記載及不得記載事項」，消費者依消費者保護法第 19 條第 1 項行使之退貨及契約解除權，屬於定型化契約應記載事項。另依消費者保護法第 56 條之 1 規定，企業經營者使用定型化契約，違反中央主管機關依法公告之應記載或不得記載事項者，經主管機關令其限期改正而屆期不改正者，處 3 萬元以上 30 萬元以下罰鍰；經再次令其限期改正而屆期不改正者，處 5 萬元以上 50 萬元以下罰鍰，並得按次處罰。故消費者除主張民事解約退貨權利之外，另可提出行政檢舉，以糾正網購業者的不法行為。

消費者保護法有關通訊交易與訪問交易解約權之規定

消費者保護法第 19 條：

通訊交易或訪問交易之消費者，得於收受商品或接受服務後 7 日內，以退回商品或書面通知方式解除契約，無須說明理由及負擔任何費用或對價。但通訊交易有合理例外情事者，不在此限。

前項但書合理例外情事，由行政院定之。

企業經營者於消費者收受商品或接受服務時，未依前條第 1 項第 3 款規定提供消費者解除契約相關資訊者，第 1 項 7 日期間自提供之次日起算。但自第 1 項 7 日期間起算，已逾 4 個月者，解除權消滅。

消費者於第 1 項及第 3 項所定期間內，已交運商品或發出書面者，契約視為解除。

通訊交易或訪問交易違反本條規定所為之約定，其約定無效。

消費者保護法第 19 條之 2：

消費者依第 19 條第 1 項或第 3 項規定，以書面通知解除契約者，除當事人另有個別磋商外，企業經營者應於收到通知之次日起 15 日內，至原交付處所或約定處所取回商品。

企業經營者應於取回商品、收到消費者退回商品或解除服務契約通知之次日起 15 日內，返還消費者已支付之對價。

契約經解除後，企業經營者與消費者間關於回復原狀之約定，對於消費者較民法第 259 條之規定不利者，無效。

此外，如**網購商品有瑕疵**，消費者本得依民法第 359 條及其他相關規定解除契約並請求業者退貨還款，並**不受 7 天猶豫期的限制**，這是針對商品有瑕疵的解約權，與消費者保護法之解約退貨規定不同，但都是消費者可以行使的權利。實務上有業者剝奪消費者於猶豫期間內解約退貨權時，聲稱其提供的商品並無瑕疵故不能解約退貨，這種說法其實是混淆與誤導民眾，應予糾正。

9-2 網路教學課程應兼顧消費者權益及個資保護

因應新冠肺炎疫情攀升，各級學校紛紛停課改為居家上課，教育部於教育雲提供「線上教學便利包」，藉由政府與民間的公私協力，整合各種教育資源與工具，供教師與學生進行網路教學使用。而台大電機系葉丙成教授創辦的 PaGamO 線上學習平台，以學生較感興趣的遊戲化模式導入教學亦廣獲好評。

許多網路教學是公益或個人興趣取向而採取免費模式，或是如知名的 YouTuber 藉由平台廣告收入分潤。此外，採取付費模式者亦所在多有，可能是採取訂閱制（又稱：定期制），或是按次或按時來計費。在實務運作上，業者大多係以其預先擬具的**定型化契約**來規範與消費者之間的權利義務關係。消費者通常只能選擇照單全收，不然就拉倒，且契約條款可能會有不公平情事，故受到消費者保護法的規範。

網路教學服務與消費者權益保護

由於網際網路教學服務對於消費者權益影響很大，經濟部很早就制定「網際網路教學服務定型化契約範本」供業界參考遵循，但該定型化契約僅具有行政指導的性質，並沒有強制力。值得注意的是，經濟部後來制頒之「**網際網路教學服務定型化契約應記載及不得記載事項**」（簡稱：「網路教學定型化契約規範」），依消費者保護法第 17 條規定**具有法律效力**，也就是違反該等應記載及不得記載事項者，其定型化契約條款無效；而該等應記載之事項雖未記載於定型化契約，仍構成契約之內容。

舉例來說，依「網路教學定型化契約規範」之應記載事項第 14 條規定，企業經營者應提供具有可合理期待安全性之服務，並應確保其系統設備，無發生錯誤、畫面暫停、遲滯、中斷或不能進行連線之情形。企業經營者因可歸責於自己之事由，違反前項之約定者，除應立即更正或修復外，並應依下列各款之約定，賠償消費者之損失：

1. 定期制者：應延長消費者之使用期間。
2. 計次制者：應返還消費者已遭扣除之使用次數。
3. 計時制者：應返還消費者已遭扣除之使用時數。

因此，若網路教學服務業者在定型化契約就服務品質方面規定：其並無義務確保其系統設備無發生錯誤、畫面暫停、遲滯、中斷或不能進行連線之情形，則該定型化契約條款因違反上開應記載事項而無效。又或是業者之定型化契約並未列有上開應記載事項，則仍以該規定構成契約之內容。

又如依「網路教學定型化契約規範」之不得記載事項第12條規定，不得記載企業經營者得以自動續約扣款之方式延長契約。如果網路教學服務業者在定型化契約中規定「**須消費者主動申請停止訂閱才停止扣款，否則自動續約扣款**」，則此條款將因**違反上開不應記載事項而無效**。因此實務上常見許多採取訂閱制的業者利用消費者的不留意而以自動續約制來綁住客戶的手法，就會踢到鐵板。

消費者保護法有關定型化契約應記載或不得記載事項之規定

消費者保護法第 17 條：

中央主管機關為預防消費糾紛，保護消費者權益，促進定型化契約之公平化，得選擇特定行業，擬訂其定型化契約應記載或不得記載事項，報請行政院核定後公告之。

前項應記載事項，依契約之性質及目的，其內容得包括：

1. 契約之重要權利義務事項。
2. 違反契約之法律效果。
3. 預付型交易之履約擔保。
4. 契約之解除權、終止權及其法律效果。
5. 其他與契約履行有關之事項。

第 1 項不得記載事項，依契約之性質及目的，其內容得包括：

1. 企業經營者保留契約內容或期限之變更權或解釋權。
2. 限制或免除企業經營者之義務或責任。

> 3. 限制或剝奪消費者行使權利，加重消費者之義務或責任。
> 4. 其他對消費者顯失公平事項。
>
> 違反第 1 項公告之定型化契約，其定型化契約條款無效。該定型化契約之效力，依前條規定定之。
>
> 中央主管機關公告應記載之事項，雖未記載於定型化契約，仍構成契約之內容。
>
> 企業經營者使用定型化契約者，主管機關得隨時派員查核。

另須注意，**網路教學服務雖屬於消費者保護法所謂的通訊交易，但消費者卻沒有**消費者保護法第 19 條的 7 日**鑑賞期之解除權**。這是因為該條亦規定通訊交易有合理例外情事者，則沒有解除權。且依「通訊交易解除權合理例外情事適用準則」之規定，非以有形媒介提供之數位內容或一經提供即為完成之線上服務，經消費者事先同意始提供者，構成合理例外情事之一，而網際網路教學服務即屬於非以有形媒介提供之數位內容。為避免消費糾紛，業者可提供教學試用版或是從寬容許消費者終止契約，讓消費者真的喜歡該教學服務才購買且繼續使用，方能贏得好口碑而推銷給更多的親朋好友。

網路教學服務與個資保護

個資保護也是消費者權益的一環，消費者註冊登錄網路教學服務會留下姓名、出生年月日、聯絡方式等基本個資，而學習過程也會產生相關紀錄，涉及消費者的各方面學習的評量表現，也是不可忽視的個資。

網路教學服務業者為遵循個人資料保護法的相關規定，不僅在技術面應強化資安措施，防止內鬼外洩及駭客入侵系統而竊取消費者個資，在權益面則要讓消費者了解業者的隱私權政策以及哪些個資將被如何蒐集與利用，更要賦予同意權，此即「告知後同意」的個資保護機制。而在消費者權益保護面向，依「網路教學定型化契約規範」之不得記載事項第 9 條及第 10 條規定，企業經營者不得約定對消費者個資為契約目的範圍外之公開或利用；企業經營者不得約定將消費者個資於關係企業之不同法人間流通。

值得一提的是關於學習紀錄等個資，「網際網路教學服務定型化契約範本」第 21 條與第 24 條特別強化企業經營者的保護義務如下：

1. 業者因提供網路教學服務而知悉或持有消費者之學習紀錄

或其他個資，業者負有**保密義務**，除消費者請求查詢或第三人依據個資保護相關法令請求查詢者外，業者不得對任何第三人揭露（第 21 條）。

2. 業者因提供網路教學服務得蒐集、處理及利用消費者之學習紀錄或其他個資，對於消費者個資之蒐集、處理及利用，應取得消費者**事前之書面同意**，並依**誠實及信用方法**為之，不得逾越本契約目的之必要範圍，且應與蒐集之目的具有正當合理之關聯。除法律另有規定者外，業者不得將消費者個資為本契約目的必要範圍外之利用，並不得將消費者個資於業者之關係企業之不同法人間流通（第 24 條）。

綜上，網路教學課程的機制要順暢運作，不僅須建制完善的技術環境，也應重視消費者權益與個資的保護，才能贏得消費者的長期信賴及維護良好商譽。

9-3 訪問交易的行銷手法與消費者權益保障

雖然現今網路購物已相當普及，但是消費者對於某些類型或是高價的商品還是會希望能與銷售人員當面討論以了解商品的內容。而從銷售方的角度來說，有些商品本來就不容易銷售，也擔心消費者對高價商品有所疑慮與到處比價。相對於在實體店鋪被動的等客戶上門消費，有些業者會主動出擊，爭取與消費者見面的機會甚至直接登門拜訪，這就是「訪問交易」。好處是業者可以當場說明解惑，而且可以讓消費者現場看到商品得以親自體驗試用，缺點是消費者容易基於一時的衝動而做成交易，可能來不及冷靜思考比較而在成交後悔不當初。

從行為經濟學的角度來看訪問交易的行銷話術

我們可以從「**行為經濟學**」的角度來看訪問交易如何利用人性心理而達到招攬業務的經濟效果。首先談「**框架**」的作法，也就是**如何鋪陳展示某種策略方案以影響對方的決定**。高價商品面臨到的銷售障礙就是高價，因此不能先談價格，先談價格可能嚇跑了大多數人。高價商品的銷售所採取的框架手法是會先談消費者的需求，讓消費者意識到他有此需求，而且要能放大對此需求的渴望。例如我們在為事業打拼時通常不太會注意到年老長期照顧的需求，因此推銷長照險的保險業務員會透過案例分享以及新聞報導讓我們知道：人可以活得越來越久，而年老失智失能的機會很高，然而請外籍看護會有僧多粥少的問題，本國看護則費用高昂，而養老院所也會有大筆開支，因此需要有未雨綢繆的打算。又如販賣清潔機的業務員則會強調居家環境的清潔對身體健康與抗菌防疫的重要性，以及看不見的塵蟎對氣管肺部特別是小孩的影響。這些話術其實就是框架，先從消費者的需求切入，讓消費者意識到此需求的重要性甚至擔憂其未被滿足，接下來再表示本件商品即是針對此需求的最佳解決方案。

另一個行銷背後的要領則是「**定錨**」，也就是**讓人們心中浮現一個參考點，作為比較調整的起點以影響其決定**。例如在長照保險銷售實務中，業務員會幫你試算每個月繳的保險費以及發生長照需求時可領到的保險金，這會讓你覺得有保有保庇而且具有槓桿效益。此外，業務員也會讓你知道其他保險公司類似保單的保費其實差不多，不用再比價了，這都運用到定錨的手法。而在標榜到府服務及推銷清潔機的案例，假設機器一台要賣 8 萬元，對一般消費者來說似乎有點貴。業務員會先讓你知道到府清潔服務本來一次要 2 千元，40 次就要 8 萬元，而維護家中清潔至少要每週清潔一次，若請人清潔大概一年就超過 8 萬元。這種拿清潔服務來做對比的方式也是一種定錨的手法，讓你覺得一台可以用好幾年的清潔機比花錢請人到府清潔還划算。業務員還會結合框架的說法，強調這台清潔機是多功能，兼具有吸塵、擦拭、除蟎、清淨空氣等效果，買一台抵多台，還可以分期付款且一期不到 1

萬元，甚至終生保固維修不用錢，以合理化一台 8 萬元的高價。

訪問交易與誘導邀約

有時候消費者在經過冷靜思考後，可能會覺得自己並不需要該商品或商品太貴而感到後悔，甚至責怪自己太過衝動消費。例如在清潔機銷售案，消費者事後貨比三家發現市售的各種清潔機的種類繁多，從幾千塊到數萬元的都有，在訪問交易中當消費者覺得當初買貴了或是不合所需，那到底能否反悔解約呢？

以人壽保險與長照保險為例，在實務運作上，保險契約條款多會訂定：要保人於保險單送達之翌日起算 10 日內，得以書面檢同保險單向保險公司撤銷保險契約。此即賦予投保的要保人在猶豫期間內後悔的權利。那在登門拜訪推銷商品的案例又如何呢？

消費者保護法所規範的「訪問交易」，亦即企業經營者未經邀約而與消費者在其住居所、工作場所、公共場所或其他場所所訂立之契約。而**訪問交易的消費者，得於收受商品或接受服務後 7 日內，以退回商品或書面通知方式解除契約，無須說明理由及負擔任何費用或對價**。這就給予消費者一個在猶豫期間後悔的權利。其立法目的在於考量此種交易型態迥異於企業經營者傳統上在店鋪進行銷售而與消費者訂立之買賣契約，而現代社會商品促銷方式多元，且提供之折扣優惠生動誘人，訪問交易之買受人通常在欠缺事前及心理準備狀況下，囿於企業經營者之促銷技巧、手段，在未深思熟慮情況下即逕與企業經營者訂立契約，因而為貫徹保護消費者之權益、促進國民消費生活之安全而設，提升國民消費生活品質，消費者保護法乃特就此種交易型態予以明文規範，賦予消費者 7 日之猶豫期間，以便其能於猶豫期間內依法解除契約。

若是消費者邀約業者到訪，但其邀約是被業者誘導的，是否也屬於訪問交易呢？在某件銷售吸塵器的案例，關於消費者保護法所規範之訪問交易，法院認為所謂**「邀約」，應係本於消費者之自願，如係出於企業經營者之誘導邀約下，消費者之同意，仍非純粹出於自願，則非該條所稱之「邀約」**。在該案中某消費者於參加台中市烏日區婦幼用品展過程中，接受業者以贈品及免費到府除塵蟎 1 次服務之引誘，因而填寫預約單同意業者到府清潔，法院認為消費者之所以願意留下個人基本資料，並與業者約定於他日由其登門造訪，顯係出於業者提供贈品及免費清潔服務為誘因，而非同意業者推銷或向其購買商品，故業者嗣後派專人至消費者住處進行免費到府除塵蟎 1 次服務，過程中並演示商品，消費者仍屬居於「誘導邀約」之情境，其因欠缺事前心理準備，而在業者強力推銷下，未及對系爭吸塵器之全部功能、效果、銷售價格等重要資訊有充足認識及為完全思考、比價，核諸消費者保護法立法理由之說明，應認兩造訂立之系爭買賣契約屬於消費者保護法中之訪問交易，而准許消費者訴請業者返還買賣價金及退貨以回復原狀之請求（參見彰化地院員林簡易庭 108 年度員簡字第 272 號民事判決）。然而另有法院在類似的案例卻認定不屬於訪問交易，因為消費者已被告知將進行商品推廣銷售而邀約業者到府清潔且有相當時間間隔得比較同類商品（參見嘉義地院 110 年度小上字第 12 號民事判決）。

萬金難買後悔藥，訪問交易須謹慎

消費者固然應了解在訪問交易後如果後悔，仍得享有消費者保護法所賦予的猶豫時間及解約權，還是要養成良好的消費習慣：「停一看一行」。也就是指，當消費者遇到步步進逼的推銷時，要懂得適時停下來，不要太快做決定，更不要輕易地邀請別人上門推銷。停下來後要仔細思考商品的功能到底是什麼？自己的需求又是什麼？再到購物網站或實體賣場上搜尋比較同類商品的功能與價格。與其事後才猶豫想解約，不如事前多思量才訂約。等到自己多方比較各種參考點以「定錨」之後，就有能力決定是否購買被推銷的商品，這就到了行的階段。好東西以購買行動支持，進而與好朋友分享，若是不適合自己的，就委婉堅定的拒絕，也拒絕死纏爛打的強迫推銷。我們可以把這「停一看一行」的流程理解成消費者保護自己權益的「框架」，以拆解行銷話術。

業者為了爭取業績而進行訪問交易，也應兼顧消費者保護，特別是現在消費者意識抬頭，能贏得消費者信賴的品牌才能永續發展。業者不論採取何種行銷手法，如果能誠心誠意以禮相待，讓消費者在被行銷時與退貨時均能感受到品牌的溫度與速度，自然願意成為繼續購買的忠實客戶，也樂於把好東西跟好朋友分享而幫忙推廣行銷，如此買賣雙方才能達到互利雙贏！

小結

商業行銷須注意消費者保護法中關於廣告、定型化契約、退貨等保護消費者的規定。以特種交易的無條件退貨為例，7 日猶豫期間是最基本的保障。這是要讓消費者有機會檢視實際商品，以健全化其理性的購物決定，也算是一種商道。而業者為了招徠客人亦可能提供更優惠的退（換）貨措施，例如貨到 30 天內原則上可任意退（換）貨。這主要是基於商業行銷考量，通常是大型業者比較能吸收此類由退貨費用轉換的行銷成本。但消費者可不能濫用惡搞而喪失互信。綜合言之，行銷不僅發生在買賣之前，買賣之後的客服與退貨處理也是行銷的一環。良善的退貨機制未必會讓商家吃虧，反倒能增加客戶買貨的誘因，讓貨暢其流且物盡其用，更能增加客戶對品牌的信心與黏著度。消費者保護是品牌企業經營的王道，與其消極地被當作是經營事業的成本，不如更積極地促進並作為提升品牌價值與擴大行銷力道的法寶！

第三幕
品牌行銷三部曲

品牌行銷像音樂一樣也會有變奏狂想曲。品牌行銷不僅在我們的日常生活之中隨處可見，也會出現在網路世界以及元宇宙裡。而現在 NFT 更是火熱的行銷工具與投資標的。不只企業需要做品牌行銷，個人也需考慮「以吾之名」做行銷。

Chapter 10

從元宇宙看品牌行銷與商標布局

「**元宇宙**」**(Metaverse)** 是現在進行式也是未來的發展趨勢，更是行銷的熱門關鍵字。就像**區塊鏈 (Blockchain)** 這個名詞在過去幾年曾引發熱烈討論，用來行銷虛擬貨幣與虛擬商品一般，許多商業活動與創新會以元宇宙為名或是做包裝。而商標就是品牌行銷的法律保障，我們可以從企業申請商標註冊的實況預想產業未來發展趨勢，例如 Nike 申請將其商標註冊於可下載的虛擬商品，未來應該會有越來越多的企業以元宇宙的發展方向來進行商標布局。

10-1 超越原宇宙的元宇宙

元宇宙是 2021 年相當火熱的話題，**標榜人類可以數位分身在虛擬世界從事多采多姿的活動，享有沉浸式的體驗與數位資產，也能與現實世界有所互動**。元宇宙相關聯的技術如 AI、AR、VR 等，都受到高度重視與吹捧。而超高效能的 IC 晶片與 5G，甚至更先進的通訊技術發展以及 Blockchain 等，則是元宇宙的基礎工程。

元宇宙的英文 Metaverse，是由 Meta 與 Verse 組成，Meta 有超越的意思，Verse 則代表宇宙。元宇宙超越了我們所習慣的「原宇宙」，對於它到底有何可能的發展，科技巨頭們有各自的想像、規劃及演譯。臉書創辦人 Mark Zuckerberg 於 2021 年 10 月宣布公司改名叫 Meta，且規劃要將旗下商品與服務整合打造成一個超越現實的元宇宙平台。繪圖晶片大廠 nVidia 創辦人黃仁勳認為元宇宙的經濟規模將超越實體世界，他在 2021 年的 GTC 大會相繼用自己的虛擬影像及數位分身與世人見面對談。可以預見未來各大企業 CEO 勢必都會面對投資人與客戶詢問:「貴公司對於元宇宙的競爭策略與商業布局為何？」即使答案就像神諭般虛無飄渺，無論如何一定要給個說法，否則可能會被認為是活在原宇宙的恐龍而終將被元宇宙所淘汰。

10-2 元宇宙的商標布局

品牌行銷的影響力可藉由法律來強化，而商標即是保護品牌的法律手段。實體世界如此，元宇宙的虛擬世界亦然。商標得以文字、圖形、記號、顏色、立體形狀、動態、全像圖、聲音等，或其聯合式所組成。為了在元宇宙布局商標，可能會有越來越多企業採用非傳統的商標類型如顏色、動態、全像圖、聲音等商標。

從使用商品類別著手的商標布局

在智慧財產局的商標檢索系統可發現，運動品牌大廠Nike公司申請將其著名的Nike字樣與勾勾圖樣，申請註冊使用於（申請案號：110077008）第9、35、41等商品服務類別。以第9類來說，其申請註冊使用於：「可下載的虛擬商品，即線上及線上虛擬世界使用之足部穿戴物（靴鞋襪）、衣服、頭部穿戴物（冠帽）、眼部穿戴物（眼鏡）、包包、運動包、背包、運動器材、藝術品、玩具及配件為主的電腦程式」；以第35類來說，其申請註冊使用於：「以虛擬商品，即線上使用之足部穿戴物（靴鞋襪）、衣服……為主之（線上）零售商店服務」；而第41類則是娛樂服務，即提供線上不可下載之可於虛擬環境使用的虛擬商品。

未來當元宇宙的世界成真，民眾得以數位分身在元宇宙裡的住家、辦公室、公共空間等地追趕跑跳碰時，腳上與身上穿的都是虛擬物件，而該等物件也可商品化而進行交易。虛擬商品就像實體商品一樣會需要貼上品牌商標認證，以呈現識別性且會有品牌溢價。從Nike公司就其商標申請註冊於前開之虛擬商品與零售商店服務來看，面對元宇宙的到來，Nike已提前進行布局。

從商標式樣著手的商標布局

元宇宙的商標布局除了前述將已有之商標圖樣申請註冊使用於虛擬商品或服務之外，亦可從商標的文字或圖樣設計著手。在智慧財產局的商標檢索系統可發現：網易公司申請以「網易元宇宙」商標註冊，另有其他公司以「王牌元宇宙」、「伏羲元宇宙」、「瑤台元宇宙」申請商標註冊。此外，也可能以非傳統商標如顏色、立體形狀、動態、全像圖、聲音等申請商標註冊。

如先前所述，商標必須具備「**識別性**」，始能註冊為商標，而若是僅具描述意義，則不得申請商標註冊。例如「IC」就不適合作為 IC 晶片品牌的商標，因其是描述性的用語，不具識別性。又從競爭的角度觀之，其他競爭同業於交易過程需要使用此等標識的可能性也相當高，若賦予一人排他專屬權，將影響市場公平競爭，顯失公允。因此如果有人申請將「元宇宙」或「Metaverse」註冊使用於資訊或網路相關的商品或服務，可能會被認為是描述性用語，不宜被獨占使用而駁回商標的申請。至於若是冠以品牌名稱 (XX) 而顯示「XX 元宇宙」的商標註冊，且就「元宇宙」聲明不專用，則可能被認為具有識別性而准許商標註冊。

商標之聲明不專用

商標須具備識別性始得獲得註冊。依商標法第 29 條第 3 項規定，商標圖樣中包含不具識別性部分，且有致商標權範圍產生疑義之虞，申請人應聲明該部分不在專用之列；未為不專用之聲明者，不得註冊。

依智慧財產局的說明，**商標的功能主要在於識別商品來源，只要商標整體具有識別性，即具備商標功能**，可是申請人往往為了促銷的目的，喜歡將與商品有關的品質、功能、產地等說明，或廣告標語等不具識別性的事項納入商標圖樣中一併申請註冊，雖然商標整體具有識別性，但商標權人及競爭同業對於商標圖樣中所含前述事項是否具有專用權可能看法各異，進而有影響市場公平競爭秩序之虞。早期對於這種情形，均要求申請人將說明性或不具識別性的部分刪除，始准予註冊，惟此種作法並不合理，因而發展出聲明不專用的制度。也就是，透過不專用的聲明，申請人同意商標中說明性、不具識別性等依法單獨不可以註冊部分不主張權利，使整體具有識別性的商標，得以保留該等不得單獨註冊部分於商標圖樣。實務作法可參考智慧財產局制定之「聲明不專用審查基準」。

10-3 元宇宙的發展將有多元可能性

除了臉書宣稱要發展元宇宙之外，許多企業也各有其盤算規劃。例如樂高計畫推出兒童專屬的元宇宙，或許是擔心實體玩具積木的吸引力跟不上時代趨勢，乃招兵買馬積極投資，避免被數位娛樂邁向元宇宙的浪潮所淹沒，畢竟連寶可夢也已經磨刀霍霍要大展身手！

寶可夢的手機遊戲——Pokémon GO 於 2016 年進軍台灣後，掀起民眾的抓寶熱潮。據媒體報導，共同開發 Pokémon GO 的 Niantic 公司也趕上元宇宙熱潮，推出「真實世界元宇宙」，並提供包含許多開發 AR 遊戲的工具套件給有興趣的開發者，以共同打造寶可夢版的元宇宙生態系統，將現實與虛擬世界連在一起，讓人們不只沉浸在虛擬世界的元宇宙裡，還能走出家門到真實世界體驗元宇宙。這樣的宇宙觀充滿各種可能性，上班搭捷運不再無聊發呆或低頭滑手機，而能跟許多寶可夢的虛擬角色互動，變成真正的一級玩家。

寶可夢本身就是角色經濟裡的經典主角，登上元宇宙的大舞台之後，角色將有更多演出的機會，也能跟人類有更多的互動體驗。在元宇宙的世界裡，貧窮不再限制人們的想像，平庸才會構成限制！

小結

我們看電影《一級玩家》或是打電玩《第二人生》得以感受元宇宙的氛圍，其未來究竟會朝向去中心化發展，還是會演變成中央集權如《魷魚遊戲》般的全面監控，則讓人有無限想像的空間。**在元宇宙的世界裡，數位分身會進行豐富多樣的經濟活動與從事各種市場交易**。作為交易主體的數位分身以及作為交易客體的虛擬商品與虛擬貨幣等議題，會隨著元宇宙的發展火熱延燒，而虛擬商品也會需要附上商標來推廣品牌及取得法律保護，企業宜及時對此發展進行商標布局，搶占市場先機。

Chapter 11

創造稀少性的新興行銷手法：NFT

新冠肺炎疫情蔓延使得人們宅在家，實體世界的互動明顯減少，虛擬世界的交流則大幅增加。值此之時，數位藝術品 NFT 的話題也是火熱延燒，2021 年 3 月間一位藝名叫 Beeple 的美國藝術家所創作的 NFT 數位作品《*Everydays: The First 5000 Days*》，經佳士德拍賣行以將近 7 千萬美金的天價拍定成交，引發業界熱烈討論。各種 NFT 商品與交易平台也如雨後春筍般應運而生。不容否認，NFT 熱潮亦具有病毒式行銷的威力。

11-1 什麼是 NFT？

NFT 的全稱是：Non Fungible Token，翻譯成：非同質化代幣。相對於 NFT 而言，比特幣與以太幣等虛擬貨幣則是同質化代幣。兩者都是屬於記錄在區塊鏈的代幣。不同的是，**同質化代幣具有可替換、可分割性**，例如 100 個比特幣與 5 份 20 個比特幣價值相同且可替換，而**非同質化代幣則具有獨一無二的特性**，例如藝術家老王的每個 NFT 作品都具有獨特性，更與小林的 NFT 作品不同。簡言之，每個同質化代幣的價值相同而可替換，而每個非同質化代幣則各有不同且非等價。

所謂 NFT 其實就是**在區塊鏈上對於特定資產是由誰發行、交易及取得的紀錄**，比方說記載某數位藝術品是由張三所創作且由李四所取得，可以說是刻在區塊鏈上的名字（在虛擬世界多指特定主體的代號）。例如知名的「Bored Ape Yacht Club」（無聊猿）NFT 有各種頭像設計款，又如天王巨星周杰倫旗下潮牌 PHANTACi 與 Ezek 平台則共同推出「Phanta Bear」（幻想熊）的 NFT。NFT 的標的不限於數位藝術品，其他如電玩遊戲的虛擬寶物與道具、球員卡、演唱會門票、紀念品及各種數位資產等，而音樂歌曲也可以作為 NFT，例如數度摘下葛萊美獎的美國搖滾樂團 Kings of Leon 於 2021 年 3 月間將其新專輯《*When You See Yourself*》一併以 NFT 發行。而馬來西亞歌手黃明志也搭上 NFT 列車，將創作歌曲以 NFT 發行。

同樣地，獲得金馬獎最佳原創電影歌曲獎與金曲獎年度歌曲獎雙重肯定的電影主題曲《刻在我心底的名字》亦可考慮如法炮製而以 NFT 發行。就像盧廣仲深淺抑揚的歌聲讓人聽到後就在心裡浮現電影劇情的光影畫面，而將這首神曲刻在聽眾的心裡，NFT 則是讓本來可無限複製的數位資產圈出特定數量而刻上所有人的名字，增加收藏價值。然而到底 NFT 有什麼用處？買到 NFT 的數位作品是否也可取得著作權？常讓人看得霧煞煞，有必要進一步釐清。

11-2 NFT 的功能與價值

通常知名藝術家的作品在藝廊或是拍賣場販售的價格對一般老百姓來說實在很高，除了因為藝術家的名氣與作品的高價值有關之外，也是因為「稀少性」：只此一件或是限量發行。有錢購買的客戶們買到藝術品珍藏展示，滿足了收藏欲望與虛榮心，也期待將來高價轉售的利益。

然而藝術品收藏家最大的夢魘就是買到贗品，儘管賣家會附上真品證明書、保證書或是其他憑證資料，但仍可能發生連證明書都是偽造的情形而引發紛爭，卻不容易獲得合理的解決。另一方面，也有很多藝術家雖然沒沒無聞，但作品深具潛力，卻缺乏行銷能力與銷售管道而乏人問津束之高閣。上述的問題同樣也會發生在數位藝術品上。特別是數位檔案容易複製，每個分身都長得一模一樣，而且容易透過網路傳輸。能夠輕易免費取得的為何還要付費？

我們都知道物以稀為貴，本來數位檔案具有無限量及完美複製的特性，使得人們傾向於免費取得，而 NFT 的問世某程度提供上開爭議的解決方案。**NFT 乃為在區塊鏈上建構智**

能合約 (Smart Contract) 並形成對於特定資產是由誰發行、交易及取得的紀錄，可以比擬成不動產登記、商標註冊、股東名冊、藝術品真品證明書等態樣。由於區塊鏈採取分散式帳本登錄的技術，**具有不可竄改可以信任的特性**，這使得奠基於區塊鏈技術的 NFT 具有證明真實的保障，不像前述關於真品證明書等機制在現實運作上可能發生虛偽造假的情事。NFT 讓藝術家可就數位藝術品圈定某些數量而產生稀少性。這就像書本發行 10 萬本，而作者就其中 10 本簽名，即讓那 10 本具有獨特性而增加收藏價值 。 值得一提的是， 為增加 NFT 的吸引力，許多 NFT 會提供賦能的福利，如可獲得有價值的商品或服務、可參加抽獎活動、有優先機會購買演唱會的門票等。

此外，隨著 NFT 應運而生的網路交易平台如 OpenSea、SuperRare、MakersPlace、Lootex 等，能協助發行人將數位檔案在區塊鏈上鑄造 (Mint) 成 NFT 並進行拍賣或其他方式的販售，且大多須透過電子錢包以虛擬貨幣交易，若輔以多元行銷方案，將使得數位藝術品更容易冒出頭來見世面。尤其是 NFT 發行人還可在智能合約中寫入其就 NFT 後續的每筆交易可享有一定比例如 10% 的分潤 ， 更能增加未來的現金流。

阿妹與 NFT

歌唱天后張惠妹於 2022 年舉辦的《aMEI ASMR 世界巡迴演唱會》，雖然面臨新冠肺炎延燒卻仍辦得有聲有色，眾多歌迷前來朝聖爭睹偶像丰采。而天后登台果然不同凡響，只要持有任何一場演唱會的門票就可以免費獲得一個阿妹肖像的動態影音 NFT，對於歌迷來說深具收藏價值。

這個 NFT 叫做 ASMeiR NFT，是與台灣 NFT 交易平台 akaSwap 合作並發行於 Tezos 區塊鏈上。看完演唱會的歌迷，在當天晚上 11 時 59 分進入 ASMeiR 線上體驗網站，憑演唱會票券，輸入當日現場公布的神秘鑄造密碼，並註冊加密貨幣錢包 Temple Wallet 或 Kukai Wallet，即可獲空投（NFT 的行話，指免費發送），得到阿妹與歌迷之間專屬的 NFT 至該錢包。每一件 NFT 作品都是獨一無二，且有 1% 的超級幸運歌迷有機會抽到 10 位知名區塊鏈藝術家的聯名款 NFT。

姑且不論 NFT 具有何種權利及交易價值，但至少對歌迷來說是獨一無二的收藏品，會有一種獲得阿妹認證為死忠歌迷的 VIP 尊榮感。此外，阿妹 NFT 亦展現 NFT 的行銷魅力，不僅行銷阿妹，也連帶行銷共同合作的 NFT 交易平台以及加密貨幣錢包。

除了上開案例之外，師園鹽酥雞發行的 NFT 則是讓買家可以兌換鹽酥雞的賦能福利，該創舉一炮而紅，充分展現 NFT 的行銷力。因此，當我們在網路上看到有律師或會計師事務所師法師園，也發行 NFT 提供諮詢服務的賦能福利，也就不足為奇了！

11-3 買到 NFT 的數位作品是否也可取得著作權？

著作與著作物是不同的概念。著作權法保護的著作是指文學、科學、藝術或其他學術範圍之創作，如美術、音樂等著作。而**著作所附著之物則為著作物**，可能是首次附著之原件或是重製物，例如原始之油畫或是翻印版。特定油畫的作者雖然將其原始之實體油畫賣出給某收藏家，但仍保有該畫作的著作權，而該收藏家僅是取得著作物的所有權。因此如果就該畫作要進行重製或利用其他著作權能，仍應取得著作權人的同意。同樣的購買書籍的消費者只取得書籍（著作物）的所有權，但並未取得書籍內容（著作）的著作權。

就 NFT 數位藝術品而言，假設發行人為該藝術品的作者且享有著作權，並就其創作以 NFT 限量發行，這只是就本可無限複製的作品圈出特定數量，並在區塊鏈上刻上名字（可說是一種數位簽名）以提供交易。買家即便取得作品的數位檔案，但該檔案本來就可以被無限複製，並非核心價值所在。買家其實主要是**得到一個在區塊鏈上顯示自己是該特定 NFT 作品買主的紀錄，不僅增加收藏價值，更彰顯粉絲忠誠及對外炫耀的社群名聲效果，但並未取得該作品的著作權**。

NFT 在區塊鏈上的真實證明是指確實是特定人所發行，但不表示該特定人有權發行。某個數位藝術品的發行人可能並非該藝術品的作者也未取得授權。若該發行人就別人享有著作權的創作以 NFT 來發行，則會涉嫌侵害著作權如重製權、公開傳輸權或姓名表示權等，也可能對買主構成詐欺。特別是在 NFT 熱潮狂襲之際，可能有不肖分子擅自將別人辛苦創作的圖檔、音檔、影像檔等，拿來在 NFT 交易平台發行，即可能觸法。又若是將他人照片轉成 NFT，則涉嫌侵害肖像權。

NFT 平台業者多會於服務使用條款明定其不就發行人對於 NFT 標的是否有著作權負擔保責任且訂有免責約款，因此買主只能向涉嫌詐騙侵權的發行人提告，卻可能因求償過程繁瑣與費用支出問題而不了了之。對於這類型的非法案例，除了藉由社群評價機制由社群成員舉發給予負評來杜絕邪惡賣家之外，亦可考慮就作品的著作權歸屬也進行 NFT，亦即在區塊鏈上記錄特定作品的著作權人及授權資訊，此即屬著作權法所規定的權利管理電子資訊。基此，NFT 藝術品的發行人必須先提出著作權資訊相關證明的 NFT 並經過交易平台驗證之後始得將作品以 NFT 發行，以維護交易安全及保障客戶權益。然而這種雙重 NFT 的驗證機制卻可能會增加平台的作業負擔與運作成本，未必會成為商業模式主流。

著作權法有關權利管理電子資訊之規定

依著作權法第 3 條所定義之權利管理電子資訊是指：於著作原件或其重製物，或於著作向公眾傳達時，所表示足以確認著作、著作名稱、著作人、著作財產權人或其授權之人及利用期間或條件之相關電子資訊；以數字、符號表示此類資訊者，亦屬之。

依著作權法第 80 條之 1 規定，著作權人所為之權利管理電子資訊，原則上不得移除或變更，且明知著作權利管理電子資訊，業經非法移除或變更者，不得散布或意圖散布而輸入或持有該著作原件或其重製物，亦不得公開播送、公開演出或公開傳輸。違反者須負擔著作權法上之民刑事責任。

小結

NFT 不僅是技術創新，也是一種行銷手法。例如 Netflix 推出的台劇《華燈初上》引發收視熱潮，在第三季上映時亦有以劇中角色頭像造型搭配抓兇手解謎線索的 NFT 應運而生；而為了慶祝巴黎聖日耳曼足球俱樂部 (PSG) 於 2022 年贏得第 10 個法甲冠軍，PSG

與華語歌壇天王周杰倫合作推出 1 萬個獨家系列以老虎冠軍形象為主題的 NFT，將運動、音樂、中西文化及商業行銷巧妙結合。這讓我們想到在電影《海角七號》裡的一句經典台詞是：「山也 BOT，海也 BOT」，而看到現在 NFT 狂熱現象，亦可說真是：**「熊也 NFT，虎也 NFT」**。好的作品可以藉由 NFT 來創造稀少性並促進市場交易機會與收益。然而 NFT 也可能淪為炒作題材，將普通作品炒高價格或是創造交易活絡假象，又或是把冒牌作品拿來魚目混珠，看誰是最後那個接手賣不掉的冤大頭。優質商品的稀少性可以讓價格上漲，但垃圾卻不會因為具有稀少性就變成黃金，眾聲喧嘩之後，終究會還原其本來面目。不過任何新興商品與產業的發展，本來就可能會朝好的與壞的走向同步進行。所謂「水能載舟亦能覆舟」，業者可善用 NFT 的行銷魔力而推出各種 NFT 商品，達到順水推舟的效益，另一方面也應妥善處理 NFT 所衍生的著作權與肖像權等問題，以免陰溝裡翻船。好的商業模式亦須做好法令遵循，才能健康地成長茁壯！

Chapter 12

以吾之名：淺談個人品牌行銷與經紀

品牌並非企業所獨有，個人也可經營品牌。個人的範圍很廣，藝人、藝術家、運動員、創作人、專家、企業家、創辦人、政治人物、名嘴、網紅、KOL、KOC 等固然需要經營自身品牌，一般的民眾素人亦得經營品牌。未來進入「元宇宙」的世界，數位分身更需要經營個人品牌，在「原」宇宙裡原本沒沒無聞的一般人，有可能在「元」宇宙裡一鳴驚人，成為眾所矚目的焦點。

12-1 以吾之名經營個人品牌

個人經營品牌有很多種方式，基本上可簡化為「**行銷**」及「**銷售**」兩種商業模式。以行銷為主的商業模式重視網路瀏覽流量，致力於吸引眼球數，越多人瀏覽、關注、按讚、留言、分享、訂閱、開啟小鈴鐺、成為粉絲，帶來越多流量，則越有社群影響力，此即**影響力行銷 (Influencer Marketing)**。而挾著大流量的優勢，除有益於建立個人品牌之外，亦可幫品牌企業推銷代言或直播帶貨，藉此賺取廣告收入，讓流量變現金。這種模式可說是 **I2B**，也就是**以吾 (I) 之名透過龐大流量以行銷品牌廠商 (B)，並自廠商處賺取收入**。

而以銷售為主的商業模式，則是以銷售商品所獲得的收入為業，可能是銷售有形／無形商品，或是各種服務，收費方式可能是按數量計價，或是按時間計價採取訂閱制。這種模式可說是 I2C，也就是**以吾 (I) 之名將網路流量留住以銷售自己的商品給消費者 (C)**。以銷售為主的商業模式也需要行銷，除了個人自己來做之外，也可與行銷業者合作結盟，將粉絲變成消費者，將人流與資訊流化為金流，自消費者賺取收入。

經營個人品牌有其活動的場域，例如市場或平台，也可以先從網路社群出發，如從臉書、IG、YouTube 等網域發跡經營品牌，再跨界發展。舉例來說，許多知名的時尚雜誌裡的精彩頁面大多是由精挑細選的明星或名模才能躍然紙上，在頁面角落則會附記其穿著衣飾配件的相關品牌藉以推銷品牌商品。然而現在一般素人只要有特色會打扮、能吸引到眾多粉絲關注，也可以在 IG 上獲得品牌廠商的青睞而置入品牌訊息，就像是登載在時尚雜誌一樣吸睛。倘若個人品牌做出名聲，也可能從以行銷為主的商業模式轉型為以銷售為主的商業模式，由為人作嫁轉變成自己行銷及銷售個人品牌的商品，獲取更大的利益。

值得一提的是，在新冠肺炎期間，旅居在上海的台灣藝人劉畊宏，以居家健身的毽子操影片在中國抖音平台直播，竟意外走紅並迅速掀起一陣跟風，而跟著練習健身操的民眾在網絡上也被稱為「劉畊宏女孩」與「劉畊宏男孩」。劉畊宏不僅賺到廣告分潤與斗內打賞金，其廣告代言身價更是水漲船高。這種個人品牌的發跡是個人巧思也是一種機遇，剛好遇到疫情蔓延導致民眾宅在家而有看影片打發時間與健身抗疫的需求。

12-2 個人品牌的權利保護

個人品牌除了特別設計具有識別性的 Logo 之外，亦得將其姓名與肖像申請商標註冊。依智慧財產局制頒的「**商標識別性審查基準**」，個人的姓名原則上具有識別性，只要非以他人著名姓名、藝名、筆名、字號申請註冊商標，且無其他不得註冊的情形，原則上可准予註冊。例如美國 NBA 球星林書豪即以其英文姓名「JEREMY LIN」申請商標註冊。此外，由於肖像具有高度識別性，因此個人若是以自己的肖像作為商標，原則上得准予註冊，而若是以他人肖像申請商標註冊，則不得核准。例如鬍鬚張的肖像已為註冊商標。

理科太太的個人品牌

實務上也有網紅以特殊發想的稱謂名稱作為個人品牌並申請商標註冊，例如「理科太太」。高學歷的理科太太是個 YouTuber，把原本難以理解的科學知識以「接地氣」的口吻說給網友聽，在 YouTube 迅速爆紅且贏得廣泛好評，連天后蔡依林也來接受理科太太的專訪。理科太太的節目很多是科普教育性質，可說是知識型網紅，影片內容詼諧逗趣，兼具娛樂與知識教育的功能，也受到廣大網民的青睞。

理科太太就是個人品牌，行銷自己也行銷別人的品牌。理科太太（陳姓女士）本人還以「理科太太」申請商標註冊，並指定使用於美髮、化妝、健康諮詢、醫學美容、乳酸菌飲料、乳製品、以水果為主的零食、茶飲料、咖啡、可可、巧克力、蛋糕、啤酒、汽水、蔬菜汁、香水、防曬劑、精油、治療青春痘藥劑、皮膚用藥劑、營養補充品、廣告、市場行銷、網路購物、各種書刊雜誌文獻之出版發行、影片製作、教育等商品與服務上。由這些林林總總的商標註冊可想見理科太太推展個人品牌事業版圖的企圖心，不過這也可能是為了避免遭他人模仿甚至搶註所採取的防禦性商標註冊。

此外，仔細觀察理科太太的影片，不難發現其中偶爾會出現品牌商品，可能是單純的使用分享心得，也可能是與廠商業配合作的置入性行銷，這就是行銷他人品牌。惟需注意個人品牌不能過度強調行銷，否則可能引起銅臭味的反感。真正的網紅玩家要維持特有的個性風格，也要經常推出實在有料的內容，業配則是偶而穿插，如糖衣巧妙包裝起來。理科太太讓我們看到專業知識也可透過淺白說法來普及於大眾，而向來被認為艱澀難懂的專業如醫科、法科、商科等，亦可如法炮製在網路上推展個人品牌，應運而生出許多醫科太太、法科太太、商科太太來說文解字普渡眾生。

由於個人品牌除了指個人主體之外，也可能包括個人所創作或呈現的作品客體，特別是現今已興起的「**創作者經濟**」**(Creator Economy)**，讓創作者藉由網路平台及多元的商業模式可讓創作變現，因此個人品牌的 **IP (Intellectual Property)**

更為重要。IP 除了商標之外，視個案情況會包括著作（如文創作品）、專利技術（如擬公開的發明、設計）、營業秘密（如尚未公開而保密的作品、技術）。著作於創作完成即受到保護，專利則與商標一樣都須向智慧財產局申請註冊始取得權利，營業秘密則需具備秘密性、經濟價值且具有合理之保密措施始受到保護。

此外，**個人品牌之經營如果會提供商品或服務從事交易且具有獨立性與經常性，則可能被認定為屬於公平交易法所稱之事業而受到規範也受到保護**。依公平交易法第 25 條規定，事業不得為其他足以影響交易秩序之欺罔或顯失公平之行為，違反者須負擔行政與民事責任。依公平交易委員會對於該條案件所制定之處理原則，所謂**顯失公平**，係**指以顯然有失公平之方法從事競爭或營業交易者，其行為類型之例示包括榨取他人努力成果**，如：使用他事業名稱作為關鍵字廣告，或以使用他事業名稱為自身名稱、使用與他事業名稱、表徵或經營業務等相關之文字為自身營運宣傳等方式攀附他人商譽，使人誤認兩者屬同一來源或有一定關係，藉以推展自身商品或服務。因此個人品牌之經營固然不得攀附他事業商譽，亦不容其他事業攀附個人品牌而構成不公平競爭。

個人品牌的保護除了前述智慧財產與公平競爭外，從個人主體的角度來看，個人的姓名、肖像、名譽屬於人格權，也受到法律保護。依民法相關規定，人格權受侵害時，得請求法院除去其侵害；因故意或過失，不法侵害他人之權利者，負損害賠償責任；不法侵害他人之身體、健康、名譽、自由、信用、隱私、貞操，或不法侵害其他人格法益（包括姓名、肖像等）而情節重大者，被害人雖非財產上之損害，亦得請求賠償相當之金額。倘若第三人未經同意使用他人姓名、肖像，或進而為商業利用，可能構成侵權行為。權利人依法得請求法院禁止他人利用其姓名、肖像，亦得主張財產上的損害賠償（如相當於授權金的損失）以及非財產上的損害賠償（如精神慰撫金、登報道歉等）。此外，個人品牌應須注意掌控其所經營平台（如臉書、IG、YouTube）帳號的管理權限，這是透過契約關係與平台業者所特約的權利，若是未能自己掌控卻所託非人，將來恐難以繼續利用該等平台行銷及經營個人品牌。

應特別注意者，當個人品牌如藝人或運動員的專業表現亮眼時，許多尋求代言的品牌企業便會隨之而來，代言合約價碼也跟著水漲船高；然而一旦代言人的專業表現欠佳，人氣下滑，甚至是身陷禁藥、賭博、緋聞或逃稅等醜聞時，優質人設也可能一夕崩塌，原本一紙肥約不僅變成品牌企業的財務負擔，還可能損害品牌價值。因此，品牌企業於代言合約中固應約定形象維護、終止事由及違約金等條款，以合理控制失算的風險，而**個人品牌也應珍惜羽毛、潔身自愛，維護自己辛苦建立的品牌形象與價值**。

12-3 個人品牌的經紀議題

個人經營品牌可能採取**行銷或銷售兩種商業模式，也可能兩者兼採之**。例如藝人或運動員在其本業上打拼而賺取收入即是採取銷售的商業模式，若幫別的品牌代言拍廣告則是兼採行銷的商業模式，而個人行銷自己的品牌更是理所當然。個人品牌事業剛開始經營時可能較為單純而由個人處理以節省成本，然而隨著個人品牌越做越大越繁雜，就越需要專業經紀人來協助爭取商業機會以及維護品牌權益。文化創意產業發展法第 12 條中規定「**健全經紀人制度**」屬於政府機關得對文化創意事業給予適當之協助、獎勵或補助之項目；而運動產業發展條例第 4 條將「運動經紀」列入運動產業，可見一斑。

個人品牌經紀人的功能與重要性

關於維護個人品牌的權益，至少可從兩方面看出經紀人的重要性。一是**個人品牌的授權洽商**，二是**個人品牌受到侵權的救濟**。

在授權洽商方面，如前所述，個人品牌得享有姓名、肖像權等人格權，而其 IP 視個案情況會包括商標權、著作權等智慧財產權，在授權其他品牌對個人品牌的商業利用上，須注意合作契約上關於授權標的、地區、期間、報酬、工作範圍、權益歸屬、形象維持等事宜之洽商與談判。

而在侵權救濟方面，就個人品牌受到合作對象或者是第三人不法侵害時，例如合作對象超過授權範圍而利用個人品牌的姓名與肖像，又如第三人在網路捕風捉影誹謗個人品牌的名譽或是剽竊其作品 IP，經紀人須協助個人品牌維護其權益，包括第一時間發函警告以及後續事務之進行。

就前述授權與侵權方面，經紀人亦有必要代個人品牌委託專業的會計師或律師研議因應策略及處理相關事宜。例如藝人林依晨及其經紀公司共同委託律師控告其合作代言的某茶飲料品牌企業，於授權地區以外仍放任其加盟店使用其姓名與肖像一案（參見台北地院 103 年度重訴字第 1156 號民事判決）。

經紀合約的締結與終止

經紀合約通常是由經紀人預先擬定，個人品牌在發展初期較無談判籌碼，很多時候只能照單全收，往往沒有細看合約或是有看沒有懂，也可能即使了解利害關係，但是為了求生存求發展，只好先委屈求全，以後再說。

經紀人除了要慧眼識英雄之外，還要對個人品牌進行長期投資，畢竟要馬兒好不能讓馬兒不吃草。這些投資可能屬於特定性而很難轉用，而有保障的必要，不然就欠缺投資誘因。因此，實務上經紀合約常約定很長的期間綁住雙方，看起來是個人品牌委託經紀人開創個人的品牌生命，但實際上卻可能是個人品牌必須長期替經紀人打工賺錢。經紀合約還可能會設下雙保險，除了禁止個人品牌提早終止合約之外，還特別約定若是提前終止須負擔高額違約金。

此外，經紀人為保障權益還可能會另外訂定智慧財產權的契約，取得個人品牌創作作品著作權的控制權，可能約定由經紀人或其公司取得著作權或是專屬授權。另外，就個人品牌的姓名或藝名，經紀人或其公司還會去申請註冊商標權。其冠冕堂皇的理由是可藉此防止他人盜版與仿冒，不過這是針對攘外而言，沒有說清楚的是如果雙方合作關係結束，相關的 IP 是否會回歸到個人品牌身上。此種事先安排導致將來即使個人品牌琵琶別抱或是自立門戶，經紀人還是可以把 IP 權利牢牢掌握。因此**個人品牌與經紀人洽談合約也是要注意自身權益的維護，不宜把重要的權益都拱手讓人，至少應於合約中規範合作關係結束後，相關 IP 應如何歸屬**。

個人品牌與經紀人的關係相輔相成，合則兩利，然而二者之間也可能鬧不和，最主要的導火線通常是起源於個人品牌的工作與收入。個人品牌的工作越多，收入理應越多。但是個人品牌可能會對工作有所堅持，例如有些工作不想接，或是只想做特定工作。特別是創作型的個人品牌，其工作昇華到創作，更是與個人特質與喜好有關。經紀人可能比較會考慮市場與商業取向，但個人品牌未必喜歡。又或是個人品牌覺得經紀人沒有認真找到適合的工作，讓其賦閒在家，閒閒沒事幹。此外，個人品牌的收入可能都是先安排由經紀人收取，扣掉成本費用，再依約定比例給付給個人品牌。但對於該等收入之實際金額為何？成本費用是否確實發生？是否合理？則會有資訊不對稱的問題。個人品牌會質疑經紀人中飽私囊拆帳不公或是有拖欠款項的情事，此即道德上的風險而衍生糾紛。

個人品牌與經紀人最好在合作締約之初即採取公平合約的設計，讓權利歸屬、工作規劃以及財務處理都能夠合理化與透明化，而在後續發生糾紛時，也能平心靜氣協商出合理妥適的分手方案。個人品牌與經紀人猶如情侶結婚，共同經營家庭與發展事業。若是能夠執子之手與子偕老固然令人稱羨，但若是個性不合難以相處，或是雙方互信基礎喪失，也不能強求愛情一定要天長地久，或許和平分手對雙方更好。關於個人品牌與經紀人之間的紛爭解決，宜從夫妻之間平等對待的態度處理，不宜偏袒任一方，求其公道。**個人品牌的基本權益固然要保障，但也要考量經紀人的付出，謀求雙贏互惠的夥伴關係**，即使分手，仁義仍在。

總之，企業品牌固然是商業發展的主流，然而在社群媒體發達的網路時代，乃至於邁入未來的元宇宙，個人品牌的浪潮也不容忽視。普普藝術家 Andy Warhol 曾預言：「在未來，人人都可成名 15 分鐘」，至於能否在成名 15 分鐘後持續發展個人品牌，則有賴天時地利人和，自助亦需他助，想要發展個人品牌，不能輕忽權利保護與經紀議題。

小結

我們可以想像在未來元宇宙的世界裡，許多商家都在「那裡」開設虛擬商店且註冊商標經營虛擬商品與服務，其中包括有各式各樣的 NFT 商品，並以虛擬貨幣來支付。此外，參與營業的商家並不限於企業，幾乎人人都可以將自己數位化且品牌化，在元宇宙裡從事行銷與銷售的商業活動。現在的我們會問元宇宙在「哪裡」並回答在「那裡」，以後的我們或許會說：「元宇宙」就在「這裡」，而「原宇宙」將成為過去式！

尾　聲

杜甫詩云:「人生不相見，動如參與商」。品牌行銷講究創新自由，法律則是規範束縛，兩者像是不在同一時空的參星與商星。然而在現實生活中，品牌行銷還是要受到相關法律的約束，而非如脫韁野馬可恣意妄為。因此我們也可將品牌行銷簡稱為:「品行」。品牌為了賺錢而行銷時，要用腦也要用心，才能贏得消費者的長久信賴。品牌行銷固然是商品銷售的化妝術，仍應重視名實相符的品質保證並培養良好品德。**遵循法律且有良好「品行」的品牌行銷，才是品牌行走天下永續發展的王道！**

所謂:「人生如戲，戲如人生」。相較於小說戲劇，現實人生更是變幻莫測 。 Mark Twain 說過 : 現實比小說更加荒謬，因為小說需符合一定的可能性，而現實則可能是天馬行空 。 (Truth is stranger than fiction, but it is because Fiction is obliged to stick to possibilities; Truth isn’t.) 本書開場以幾個故事娓娓道來品牌行銷的寓意，最後且容筆者以一個小故事陪大家進入尾聲：

《鞋衣物語》

馬克律師的兒子馬仔剛上小二時，媽媽給他買了一雙新鞋。因為舊的那雙變小了而且已經穿得爛爛的，可是馬仔說什麼也不肯換穿新鞋去上學。於是媽媽想出一招說：「原來的那雙鞋子有怪味道，半夜裡被老鼠叼走了。」馬仔聽到後放聲大哭，硬要找回那雙舊鞋，不然就不肯出門。

在父子倆的尋鞋探險中，馬克在鞋櫃深處找到自己很久沒穿的一雙舊鞋，然後很興奮地跟馬仔說：「原來爸爸也有一雙和你的新鞋一樣有勾勾的鞋子喔！我們一起穿去上學吧！」馬仔看到勾勾的圖樣，破涕為笑，穿著新鞋子跟爸爸手勾手上學去了。

晚上馬克陪馬仔讀《伊索寓言》，讀到〈北風和太陽〉的故事時，馬仔問：「如果北風和太陽同時對路人甲發功，路人甲會脫掉外衣嗎？」馬克一時啞口無言，心裡嘀咕著：「這年頭的小孩真難搞，OOXX，這種問題還真難回答！」

等馬仔睡著了，馬克突然頓悟：「**說服馬仔穿新鞋也算是一種行銷吧！而北風與太陽不都是在做行銷嗎？看誰能成功說服路人甲脫掉外衣！**」繼而又陷入沉思：「行銷方法百百種，一起併用或許威力強大，但可不能彼此矛盾，那就強碰了！」

馬克很興奮地跟媽媽分享這個小故事的大道理，沒想到媽媽竟抬頭翻白眼回說：「每次都我扮黑臉，你扮白臉！」再補一槍：「你終於懂了喲！父母教養方式不一致可是會讓小孩混亂的。以後我跟小孩說東，看你還會不會再說西！」

馬克無言（心領神會狀），退場。

全劇終

附錄：延伸閱讀

A. 馬克律師的推薦書單

對於本書探討的主題與內容，如果您覺得意猶未盡，可考慮從以下參考書籍找幾本來閱讀，越（閱）讀會越有味道：

1. 羅伯．席勒著，《故事經濟學》，天下雜誌出版。
2. 黃國華著，《茶金》，印刻出版。
3. 池井戶潤著，《陸王》，圓神出版。
4. 菲爾．奈特著，《跑出全世界的人：NIKE 創辦人菲爾．奈特夢想路上的勇氣與初心》，商業周刊出版。
5. 霍華．舒茲等著，《勇往直前：我如何拯救星巴克》，聯經出版。
6. 馬克．藍道夫著，《一千零一個點子之後：NETFLIX 創始的祕密》，大塊文化出版。
7. 羅伯特．艾格著，《我生命中的一段歷險：迪士尼執行長羅伯特．艾格十五年學到的課題》，商業周刊出版。
8. 肯．貝爾森等著，《Hello Kitty：三麗鷗創造全球億萬商機的策略》，商周出版。
9. 菲利浦．科特勒等著，《行銷 4.0：新虛實融合時代贏得顧客的全思維》，天下雜誌出版。
10. 菲利浦．科特勒等著，《科特勒：我這樣看世界，還有我自己》，商業周刊出版。
11. 吳修銘著，《注意力商人：他們如何操弄人心？揭密媒體、廣告、群眾的角力戰》，天下雜誌出版。
12. 思南．艾瑞爾著，《宣傳機器：注意力是貨幣，人人都是數位市場商人》，天下文化出版。
13. 約拿．博格著，《瘋潮行銷：華頓商學院最熱門的一堂行銷課！6 大關鍵感染力，瞬間引爆大流行》，時報出版。

14.麥可．弗提克等著，《數位口碑經濟時代：從大數據到大分析的時代，我們如何經營數位足跡，累積未來優勢》，三采文化出版。
15.蓋瑞．范納洽著，《一擊奏效的社群行銷術：一句話打動 1500 萬人，成功將流量轉成銷量》，商周出版。
16.萊恩．霍利得著，《成長駭客行銷：引爆集客瘋潮的新實戰力》，天下雜誌出版。
17.蘿比．凱爾曼．巴克斯特著，《引爆會員經濟：打造成長駭客的關鍵核心，Netflix、Amazon 和 Adobe 最重要的獲利祕密》，商周出版。
18.葉明桂著，《品牌的技術和藝術：向廣告鬼才葉明桂學洞察力與故事力》，時報出版。
19.娜歐蜜．克萊恩著，《NO LOGO》，時報出版。
20.丹尼爾．康納曼著，《快思慢想》，天下文化出版。
21.理查．塞勒等著，《推出你的影響力：每個人都可以影響別人、改善決策，做人生的選擇設計師》，時報出版。
22.傑弗瑞．帕克等著，《平台經濟模式：從啟動、獲利到成長的全方位攻略》，天下雜誌出版。
23.陳威如等著，《平台革命：席捲全球社交、購物、遊戲、媒體的商業模式創新》，商周出版。
24.隆．艾德納著，《生態系競爭策略：重新定義價值結構，在轉型中辨識正確的賽局，掌握策略工具，贏得先機》，天下雜誌出版。
25.李丞桓著，《元宇宙：全面即懂 metaverse 的第一本書》，三采文化出版。
26.馬修．柏爾著，《元宇宙》，天下文化出版。
27.麥特．福特諾等著，《NFT 狂潮：進入元宇宙最關鍵的入口，擁抱千億商機的數位經濟革命》，商周出版。
28.李洛克著，《個人品牌獲利：自媒體經營的五大關鍵變現思維》，如何出版。
29.永．克利斯托夫．班特著，《我，就是品牌：是 A 就別假裝是 B，創造你的獨特賣點，做最棒的自己作者》，漫遊者文化出版。

B. 網路資源

1. 關於本書所提及之商標、法條、判決、行政決定、行政規則、定型化契約等資訊，如果您有興趣進一步了解其完整內容，可以商標名稱、法規名稱、判決案號、行政決定案號、契約名稱或相關的關鍵字，到以下的網路資源深度探索：

智慧財產局的商標檢索系統

https://twtmsearch.tipo.gov.tw/OS0/OS0101.jsp

智慧財產局制定的商標審查基準彙編

https://topic.tipo.gov.tw/trademarks-tw/lp-517-201.html

法務部的全國法規資料庫

https://law.moj.gov.tw/

司法院的法學資料檢索系統

https://law.judicial.gov.tw/FJUD/Default_AD.aspx

公平交易委員會的行政決定檢索系統

https://www.ftc.gov.tw/internet/main/decision/decisionList.aspx?mid=11

公平交易委員會制定的處理原則彙編

https://www.ftc.gov.tw/internet/main/doc/docList.aspx?uid=37&mid=37

行政院消費者保護會彙整之定型化契約範本

https://www.ey.gov.tw/Page/37D1D3EDDE2438F8

行政院消費者保護會彙整之定型化契約應記載及不得記載事項

https://www.ey.gov.tw/Page/2285E9A14973DE75

2. 閱讀本書的過程中，如果您對於相關的法律與理論希望能有所了解，除了可以到三民書局等實體書店的法律類專櫃翻閱之外，也可上網路瀏覽相關的法律資源：

智慧財產局關於商標法的法律資源

https://topic.tipo.gov.tw/trademarks-tw/np-511-201.html

公平交易委員會關於公平交易法的法律資源

https://www.ftc.gov.tw/internet/main/doc/docList.aspx?uid=1388&mid=1388

法務部關於個人資料保護法的法律資源

https://www.moj.gov.tw/2204/2528/2529/2545/?Page=1&PageSize=20&type=

行政院消費者保護會關於消費者保護法的法律資源

https://cpc.ey.gov.tw/Page/634E0E6E2B61527D

租事順利：從挑屋、簽約到和平分手，房東與房客都要懂的租屋金律

蔡志雄　著

房客租屋要注意

- 租屋的時機怎麼看？租屋預算該抓多少？水電瓦斯怎麼算？
- 好房子怎麼判斷？看屋也要注意良辰吉時？
- 惡房東怎麼防？3 個小提問讓你輕鬆找到好房東！

房東出租要知道

- 租約範本新上路，該適用哪種租約？
- 租約公證要怎麼辦理？該準備哪些東西？
- 出租後房東還可以出入房屋？可否阻止房客報戶籍？
- 房客欠租怎麼辦？惜命條款可行嗎？如何預防變成不定期租賃？

房客想找到價廉物美的好物件，房東也想找到守約愛屋的有緣人，相逢即是有緣，好聚好散的方法，讓包租公律師通通告訴你！

我的智慧，我的財產？——你不可不知道的智慧財產權（修訂三版）

沈明欣　著、水腦　繪

絞盡腦汁榨出來的智慧結晶，若因為不懂法律不小心變成他人的財產，那真的是有苦無處講，只能一把辛酸淚往內吞。

但是時代不同了，身為創作人要知道：

知識就是力量，懂得法律的人才能好好的保護自己的創意！

讓腦內的 IDEA 真正變成有價值的黃金！

◆ 本書按著作權法、商標法、專利法與營業秘密法四大主題分段落

◆ QA 單元形式呈現，從常見的疑難雜症切入，讓讀者輕鬆查找解答

◆ 可愛的漫畫插圖與舉例，讓讀者輕鬆跨越枯燥法條的高牆

◆ 單元附有契約範例，讓讀者知道原來智財契約要具備那些要素

國家圖書館出版品預行編目資料

品牌行銷法律課：從商標布局、公平交易到消費者權益及個資保護，律師教你安全行銷不觸法！／陳佑寰著.——初版一刷.——臺北市：三民，2023
面；　公分.——（思法苑）

ISBN 978-957-14-7590-5（平裝）
1. 品牌行銷 2. 法律教育

496　　111020714

品牌行銷法律課：從商標布局、公平交易到消費者權益及個資保護，律師教你安全行銷不觸法！

作　　者｜陳佑寰
責任編輯｜陳瑋崢
美術編輯｜黃子庭

發 行 人｜劉振強
出 版 者｜三民書局股份有限公司
地　　址｜臺北市復興北路 386 號 (復北門市)
　　　　　臺北市重慶南路一段 61 號 (重南門市)
電　　話｜(02)25006600
網　　址｜三民網路書店 https://www.sanmin.com.tw

出版日期｜初版一刷 2023 年 1 月
書籍編號｜S491860
I S B N｜978-957-14-7590-5

三民書局